WERNER GAMERITH

Botschaft der Natur

WERNER GAMERITH

Botschaft der Natur

Tyrolia-Verlag · Innsbruck-Wien

Inhaltsverzeichnis

Beziehungen und Botschaften

Die Natur schenkt uns weit mehr als Orte der Erholung oder zu gewinnende Rohstoffe. Sie ist die Grundlage unserer Existenz. Daher gehört Naturkenntnis zum Verständnis unserer Welt – und Naturschutz zur Strategie des Überlebens.

Beziehungen gelingen nur, wenn wir bereit sind, Botschaften zu verstehen, zu entschlüsseln und angemessen zu beantworten. Die organische Natur lebt von Beziehungen. Alle Bäume, alle Blumen tauschen sich mit Pilzen an ihren Wurzeln aus, mit bestäubenden Insekten an ihren Blüten, mit Tieren, die sich von ihnen ernähren oder sie düngen. Jedes Lebewesen sendet Botschaften aus, hat Sinnesorgane zum Empfang von Informationen aus seiner Umwelt und kann auf diese reagieren. Die belebte Natur ist ein Netzwerk solcher Beziehungen. Wir Menschen sind ein Teil davon.

Dabei ist die Biosphäre, in der sich Erdkruste, Wasser- und Gashülle unseres Planeten durchdringen, ein unfassbares Wunder. In den Weiten des Universums haben wir noch keinen zweiten Ort entdeckt, der von Leben erfüllt ist. Sich dieser großartigen Wirklichkeit bewusst und dankbar verbunden zu fühlen, ist Religion in ihrem Wortsinn – *religio* heißt Rückbindung. Unabhängig von einer bestimmten Religion belohnt uns ein intensiver Naturkontakt mit einem Schatz an Erlebnissen, Erfahrungen und Einsichten. Eine tiefgehende Naturliebe kann auch helfen, das Wilde in uns mit seinen herrlichen wie seinen dunklen Seiten wahrzunehmen und entsprechend zu gestalten. Natur ist nicht nur draußen, sie wirkt auch in uns. So erkennen wir in der äußeren Natur Symbole, ja Spiegelbilder unseres Wesens. Wechselnde Stimmungen von Licht und Düsternis oder die Rhythmen der Tages- und Jahreszeiten lassen uns spüren, wie unser kurzes Dasein mit all seinen Freuden und Leiden im kosmischen Strom des Lebens eingebettet und geborgen ist. Eine solche dankbare Bescheidenheit macht uns stark und froh.

In der Landschaft begegnen uns aber auch weniger poetische Spiegelbilder unseres Gesellschaftssystems. Monotonie und Artenschwund, ein erschreckender Verlust an Vielfalt und Schönheit müssen uns zum Reflektieren und Hinterfragen anregen: Welche Welt wollen wir unseren Nachkommen hinterlassen? Was ist die

In Gebirgsregionen wie dem Lechtal erleben wir besonders eindrucksvoll die Größe der Natur gegenüber allem Menschenwerk.

Aufgabe unseres Wirtschaftens? Was kann ich persönlich zu etwas mehr Vernunft und Menschlichkeit beitragen? Es sind Fragen, die sich ebenso angesichts der immer ungleicher und daher immer krisenanfälliger werdenden Gemeinschaft der Menschen aufdrängen.

Solche Fragen werden heute vermehrt gestellt. Eine neue Aufklärung zeichnet sich ab, die gegen falsche Dogmen und ihre Nutznießer Visionen einer Gesellschaft entwickelt, die Frieden unter den Menschen und mit der Natur kultiviert. Die überwältigende Mehrheit will einen solchen Frieden. Immer mehr Menschen wehren sich gegen die Militarisierung oder die Förderung der Großkonzerne und ihren weder von Ethik noch Transparenz begleiteten Einfluss auf die Politik und fordern mehr demokratische Kontrolle ein. Netzwerke organisieren sich, um engstirnige Gruppeninteressen zurückzudrängen und für ein gutes Leben aller zusammenzuarbeiten. Erste Schritte zu mehr politischem Bewusstsein sind die Befreiung vom Konsumzwang, von Feindbildern und anderen Manipulationen, die Besinnung auf universelle Werte und Menschenrechte.

Die menschliche Gesellschaft und unsere natürliche Mitwelt sind nicht zu trennen. Der Einsatz für das Leben ist unteilbar. Wer eine tiefe Naturbeziehung pflegt, erfährt neben beglückenden Erlebnissen zahllose erhellende und ermutigende Botschaften.

Das Landkärtchen wird von Duft und Farbe der Wild-Engelwurz und anderer Blüten angelockt. Ihre Raupen entwickeln sich nur auf der Brennnessel.

Naturverbundenheit

Nur oberflächlich betrachtet ist Naturverbundenheit bloß ein romantisches Gefühl. Tatsächlich sind wir auf die Biosphäre noch viel mehr angewiesen als auf alle technische Infrastruktur.

Streifenfluren, wie jene bei Wurmbrands im Waldviertel, sind ein ästhetisch und ökologisch höchst wertvolles Kulturgut.

Wir Menschen sind sehr real und existenziell mit der Natur verbunden. Wir sind eingebettet in die zarte, feuchtgrüne Haut unseres einzigartigen Planeten, die wir Biosphäre nennen. Nur ansatzweise verstehen wir sie, aber wir können sie bereichern oder verletzen.

So wie sich natürliche Wälder zu immer vielfältigeren Lebensgemeinschaften entwickeln, zeichnen sich auch Kulturlandschaften durch eine hohe Lebensvielfalt aus. Denn wo die Natur geachtet und integriert wird, sind auch vom Menschen genutzte Lebensräume von natürlichen, miteinander vernetzten Elementen durchdrungen. Hecken und Raine, Solitärbäume und beschattete Bachläufe machen Acker- und Wiesenfluren erst schön und lebendig. Selbst in Städten sind Alleen und möglichst naturnahe Grünflächen wesentlich für deren Wohnqualität und Unverwechselbarkeit.

Wo hingegen diese Vielfalt zugunsten einseitiger Ertragsmaximierung aus der Landschaft verdrängt wird, verliert diese gleichsam ihre Seele und verkommt zur öden Monokultur. Mit ihrer Schönheit schwindet ihr stabilisierender Artenreichtum ebenso wie ihre ausgleichende Wirkung auf Wasserhaushalt und Klima. Vor diesem weltweit um sich greifenden Ökosystemzerfall warnen immer mehr Wissenschaftler ebenso eindringlich wie vor der durch unsere Verschwendung verursachten Aufheizung der Atmosphäre mit den damit einhergehenden dramatischen Auswirkungen auf Klima und Meeresspiegel. Aber unsere gewinnorientierte und wachstumsbesessene Gesellschaft will die Gefahr nicht wahrhaben. Allzu leicht verdrängen, vergessen und beschädigen wir die natürlichen Voraussetzungen unseres Lebens. Immer spürbarer steuern wir auf eine Katastrophe zu, von der dann wieder einmal viele behaupten werden, sie hätten nichts gewusst.

Die Erde ist nun einmal ein Raumschiff im einsamen Weltall, das man nicht vergrößern kann. Und ihre belebte, von der Sonne erwärmte Oberfläche, die Biosphäre, ist unsere wichtigste Versorgungseinrichtung. Die können wir in ihrer Komplexität zwar nicht völlig durchschauen,

aber sie hat sich im Laufe der Erdgeschichte entwickelt und bewährt. Daher können wir ihr vertrauen, und umso behutsamer sollten wir sie behandeln.

Deshalb zählt es zu den wichtigsten Bedingungen zur Erhaltung einer menschlichen Zivilisation, dass wir uns klar werden, wie sehr wir von der Unversehrtheit der natürlichen Systeme abhängen. Es gilt, gegen die vom Raubbau profitierenden Kapitalverwerter und Machtapparate ein verantwortliches Verhalten zu organisieren. Immer mehr Menschen wenden sich von etablierten Institutionen ab, unterstützen lieber Initiativen für Umweltschutz und Humanität und bemühen sich selbst um einen zukunftsfähigen Lebensstil. Dabei zeigt sich, dass der Schutz der Natur von Gerechtigkeit und Frieden ebenso wenig zu trennen ist wie von Transparenz und Demokratie.

Die Achtung gegenüber der uns erhaltenden Natur ist ein Gebot der Vernunft und der Moral. Aber eigentlich entsteht sie bei aufmerksamer Zuwendung von selbst. Wir sind zum Glück genetisch dafür ausgestattet, dass uns die Natur in ihrer Vielfalt und Vieldeutigkeit entzücken und begeistern kann. Bei allem Forschen bleibt sie immer auch geheimnisvoll. Verstand und Fantasie schenkt sie unerschöpfliche Anregungen. Ihre Schönheit zieht uns an, berührt und bewegt Körper, Geist und Seele. Daher sind ausgiebige Naturkontakte nicht nur ein Gesundbrunnen, sondern auch Teil der Bildung und Kultur.

Durch Naturerlebnisse pflegen wir eine glückliche Beziehung zu unseren Lebensgrundlagen.

Wunder des Wachstums

Wir wissen viel über die Natur – und doch wissen wir wenig über das große Ganze, etwa das so selbstverständliche Wachsen zu unseren Füßen. Aber wer Pflanzen als Partner sieht, kann dem Rätsel ein schönes Stück näherkommen.

Der Mensch werkt und macht. Die Natur wächst und wird. Und weil wir selbst Teil der Natur sind, ist die Begegnung mit dem Gewordenen für eine gesunde Entwicklung so unverzichtbar wie Nahrung und Geborgenheit. Im Garten treffen sich diese gegensätzlichen Aktivitäten von Mensch und Natur auf sinnfällige Weise. Da jäten, säen und pflanzen wir. Das Entscheidende aber, das Wachstum, geschieht einfach. Schon die Grundbedingungen pflanzlichen Lebens, etwa Wärme, Wasser und Licht, sind Geschenke der Natur.

Im Februar mit seiner zunehmenden Tageslänge und steigenden Sonnenbahn zeigen sich die ersten Blumen an schneefreien Plätzen, bringen wir erste Samen in den Boden oder setzen Salat, noch im Schutz von einem Folien- oder Glasdach. Dann sorgen wir für die nötige Lüftung und Bewässerung. Aber das Eigentliche müssen wir abwarten, das braucht seine Zeit. Weder die Pflanze selbst noch die Gärtnerin oder der Gärtner, noch der liebe Gott oder Mutter Erde „machen" aus einem Samenkorn ein Radieschen, sondern sie lassen es wachsen.

Im Einzelnen wissen wir sehr viel über Reaktionen von Keim und Pflanze auf verschiedene Umweltreize, wie sich zum Beispiel Feinwurzeln ihren Weg zwischen Bodenkrümeln bahnen oder Säfte in Gefäßen zu allen Organen gepumpt und gesogen werden. Wir haben herausgefunden, wie viel Lichtenergie die Sonnenkraftwerke in den Zellen der grünen Blätter benötigen, um Kohlendioxid und Wasser zu Zuckermolekülen zusammenzufügen. Vom Stoffwechsel und der Zellteilung bis zur Steuerung durch Gene werden immer kleinere Details erforscht.

Wir spüren aber, dass ein Lebewesen mehr ist als eine Maschine. Die feinen Mechanismen, die wir immer genauer kennen, sind das eine. Das andere sind ihr reibungsloses Zusammenwirken und ihr lebenslanges Funktionieren ohne jede Wartung, die prinzipiell unvorhersehbare stammesgeschichtliche Evolution jeder Art sowie die genetisch fixierte Entwicklung jedes Keimlings.

Beim Anbau von Gemüse lernen wir, wie Wachstum, Pflege und Nahrung zusammenhängen.

Worauf es ankommt, ist das Ganze, und das kennen wir recht wenig. Das lebendige Wesen Pflanze, welches das alles und noch viel mehr leistet und dabei ganz unspektakulär mit oder ohne unsere Pflege zu unseren Füßen wächst und wurzelt, durchschauen und verstehen wir nur in bescheidenen Grenzen. Der Rest ist Staunen.

Was wir nicht erklären können, dürfen wir bewundern. Ich bin dankbar für die vielen Geheimnisse unserer bunten belebten Welt. An jeder Pflanze, jedem Tier beobachten wir Wachstum und Zerfall und dabei vielfältige Beziehungen. Wir Menschen stehen nicht außerhalb, sondern gehören dazu. Auch wir werden und wachsen, reifen und vergehen. Wir sind Geschöpfe ebenso wie Mitgestalter der Schöpfung. Oft sind wir uns selbst ein Rätsel, woher wir kommen, wohin wir gehen, wer wir sind, was unsere Rolle ist in der Gesellschaft und im großen Netzwerk des Lebens.

Unsere Mitgeschöpfe als Verwandte zu sehen, macht uns zu ihren bescheidenen und behutsamen Partnern. So kann die aufmerksame Beobachtung einiger Gewächse helfen, die Wunder organischen Wachstums mit Herz und Sinn wahrzunehmen und ein zukunftsfähiges Wertebewusstsein zu entwickeln.

Mit einem Naturgarten gestalten wir, neben einem erweiterten Wohnraum, ein kleines Paradies voller Leben.

Die Weisheit der Knospen

Knospen sind Symbole hoffnungsvoller Erwartung. Sie lehren uns, wie wichtig neben Bereitschaft und Einsatzwillen auch die Geduld ist. Und dass es auch Zeiten der Ruhe und Einkehr geben muss.

Dass der Winter zu Ende geht, erkennen wir auch an den Knospen der Gehölze. Sie schwellen an, manchmal leuchten sie sogar prall und bunt von den Zweigen. Jede Art hat ihre eigene typische Farbe, Gestalt und Anordnung der Knospen, an denen sie für den Kundigen zu erkennen ist.

Von den schwarzen, gegenständigen Eschenknospen über die mit dünnen, hellbraunen Schuppen eingepackten Fichtenknospen bis zu den spitzen, klebrigen Knospen bei Rosskastanie und Pappeln beeindruckt uns auch in der winterlichen Ruhephase der Formenreichtum der Pflanzenwelt.

Nur Bäume und Sträucher besitzen das Privileg, ihre Winterknospen an verholzten Trieben hoch über dem Boden zu tragen und im Frühjahr ihr Wachstum dort fortzusetzen, wo sie es im Herbst unterbrochen haben. Diese einzigartige Fähigkeit ermöglicht Gehölzen Rekorde in der gesamten Lebenswelt. Unter ihnen finden wir die größten und die langlebigsten Organismen unserer Erde.

Jede Knospe enthält die Anlage einer Sprossspitze, eines Blütenstandes oder einiger Blätter und schützt sich mit einem Schuppenkleid gegen Austrocknung, Frost und Gefressenwerden. Es gibt auch Ausnahmen. So hüllen sich die Knospen aller Weiden in nur eine einzige Schuppe. Beim Wolligen Schneeball sind die wenige Millimeter großen und fein behaarten Anlagen der Blätter und Blütendolden überhaupt nackt und unbedeckt.

Wir freuen uns auf das Erscheinen der ersten hellgrünen Blätter. Da sollten aber starke Spätfröste nicht mehr zu erwarten sein, weil sie die empfindlichen frischen Triebe und Blüten vernichten würden. Deshalb lassen sich unsere Knospen auch von sehr warmem Vorfrühlingswetter nicht täuschen. Sie werden eher von der Tageslänge als von der Temperatur gesteuert. Auf diese Weise erfolgt der Austrieb in jedem Jahr zum ungefähr gleichen Zeitpunkt, der aber von Art zu Art verschieden ist. Die Weiden haben es am eiligsten und verwandeln bereits in den ersten Apriltagen mit ihren gelbgrünen

Am Zweig vom Trauben-Holunder befreien sich nach langem Warten erste Blätter und Blütenknospen.

Blättern und Blüten tief gelegene Flussauen in sonnendurchflutete Hallen. Die Ahornarten und viele Obstbäume entfalten zuerst nur die Blüten und zögern noch eine Weile mit dem Laubaustrieb. Einige Wochen nach den Linden und Buchen bilden Eichen und Eschen, deren Blätter sich manchmal erst im Mai herauswagen, den Schluss im Frühlingsreigen der Gehölze.

Die Hälfte des Jahres sind unsere laubwerfenden Gehölze kahl, so lange warten ihre Knospen auf die milden Tage der Wachstumsperiode. Für uns sind diese formvollendeten Gebilde auch Symbole für Geduld und hoffnungsvolle Erwartung. Auch in unserem Leben bedarf vieles neben unserer Bereitschaft und unserem Einsatz auch des Wartens auf den richtigen Zeitpunkt, auf passende Umstände, auf die nötige Reife. Daher sind auch Zeiten der Stille, des Innehaltens oft fruchtbar und schön.

Freuen wir uns daher nicht nur an dem, was sich aus einer Knospe entfalten und entwickeln soll, sondern auch an ihrer augenblicklichen und zerbrechlichen Schönheit – egal, ob sie uns an einem Baum begegnet, in einem Kind oder in einer neuen Freundschaft.

Zartgrüne Blättchen drängen im April aus den braunen Buchenknospen.

Grün ist die Hoffnung

Das fröhliche Grün des Frühlings erinnert uns an die Einmaligkeit unserer Biosphäre. Tatsächlich ist der Stoff, der sich dahinter verbirgt, eine der wichtigsten „Erfindungen" der Evolution. Ohne ihn wäre unsere Welt völlig anders.

Austreibende Eichen-Hainbuchenwälder erfüllen das mittlere Kamptal mit hellem Hoffnungsgrün.

Von der Wärme des Frühlings erweckt, brechen die Blätter in unvorstellbarer Fülle aus ihren Knospen und breiten sich ins Licht. Bald überziehen sie Bäume, Sträucher und das Land mit ihrem zarten Kleid, anfangs noch in durchsichtigem Frühlingsgrün, später in der ernsten Farbe des satten Sommers.

Das Blattgrün beherrscht nicht nur unser Landschaftsbild, sondern auch das Leben auf unserem Planeten. Denn nur mit Hilfe dieses Farbstoffs, des Chlorophylls, kann die Pflanze aus Wasser, Kohlendioxid und Licht organische Stoffe bilden, die Sonnenstrahlung chemisch binden und als Bio- und Nahrungsenergie speichern.

Die grünen Pflanzen werden als Primärproduzenten bezeichnet, denn sie bilden in den Lebensgemeinschaften die breite Basis der vernetzten Nahrungsbeziehungen. Von ihnen ernähren sich Blattläuse, Raupen und Rüsselkäfer, Rothirsche, Rinder und Menschen. Auch Fleisch- und Milcherzeugnisse sind letztlich veredelte Pflanzenprodukte.

Die Sonnenkraftwerke der Blätter erzeugen nicht nur Nahrung und Biomasse. Nebenbei bilden sie auch Sauerstoff und binden Kohlenstoff aus der Luft. Dadurch ermöglichen sie Tieren und Menschen, außer zu essen auch zu atmen. Sie sind eine wesentliche Voraussetzung für die Stabilität der Atmosphäre und des Weltklimas.

Die Farbe Grün ist deshalb über das alte Sinnbild für junges, hoffendes Leben hinaus neuerdings ein Symbol für Naturnähe und ökologisches Denken, für die Konsequenzen aus der Einsicht, dass unsere Zivilisation ein abhängiger Teil der Biosphäre ist. Grünes Denken berücksichtigt das komplexe Beziehungsgeflecht zwischen Organismen und ihrer Umwelt, fragt nach den Bedingungen, die es erhalten oder zerstören können, fordert und fördert eine Politik, welche der Ausbeutung von Natur und Menschen abschwört und der Erhaltung lebendiger Vielfalt verpflichtet ist.

Ökosoziales, ganzheitliches Denken und umweltverträgliches Verhalten müssen letztlich alle

Parteien und Gesellschaftsgruppen durchdringen. Es sollten diese zum Dialog anregen und zur Einsicht, dass wir alle in einem Boot sitzen. Wenn immer mehr Menschen einen solchen Gesinnungswandel artikulieren, wird einmal die Politik diese Bewegung als Auftrag statt als Störung wahrnehmen. Menschenrechte und der Schutz unserer Mitwelt sollten den wirtschaftlichen Interessen Grenzen setzen – nicht umgekehrt.

Eine Wanderung in einer gesunden Frühlingslandschaft oder der Aufenthalt im eigenen Naturgarten lässt uns eintauchen in eine Welt, die uns verlässlicher trägt als das derzeitige, von Geldgier und Wachstumswahn beherrschte Wirtschaftssystem. Im Grünen können wir uns zurückziehen und über den Sinn unseres Lebens reflektieren. Und wir können darüber nachdenken, welche Werte Bestand haben, was uns glücklich macht, was wir zu einer schöneren, hoffnungsvolleren, menschlich wärmeren Wirklichkeit beitragen können.

Die Blätter der Berg-Ulme dienen nicht nur dem Baum als Sonnenkraftwerke, sondern ernähren auch manches Insekt.

Symbol der Freiheit

Der Aufbruch des Frühlings weckt unsere Sehnsucht nach Leben und Freiheit. Beides müssen wir pflegen wie einen Garten und innen wie außen vor einer fragwürdigen Wirtschaftsideologie beschützen.

Mit seinem millionenfach erwachenden Leben ist der Frühling ein Sinnbild der Befreiung. Vom Zwang der Frostperiode erlöst, strecken sich Blätter der Sonne entgegen, schweben Insekten durch die milde Luft, bauen Vögel ihre versteckten Nester und schmettern frohe Lieder.

Freiheit ist auch für uns Menschen eine wesentliche Bedingung für ein glückliches Leben. Sie hat ohnehin nur einen schmalen Spielraum zwischen unseren angeborenen und anerzogenen Möglichkeiten, zwischen gesetzlichen und gesellschaftlichen Normen. Die Befreiung des Einzelnen aus allzu beengenden Rollenbildern ist ein ebenso wichtiger Fortschritt wie die Einrichtung demokratischer Strukturen. Unsere in Jahrhunderten errungenen Werte der Humanität, Gleichberechtigung und Toleranz bedürfen auch heute dauernder Pflege, um lebendig zu bleiben.

Kinder genießen die Freiheit in der ergrünenden Au am Kamp bei Langenlois.

Ein Gang durch die festliche Frühlingsnatur kann uns auf manches hinweisen, was ein gutes Leben ausmacht, aber in unserer dem Geld verfallenen Welt leicht übersehen wird. So führt die zu wenig beschränkte Freiheit von Handel und Finanzströmen zur Steuerflucht, zur Verdrängung von Kleinbetrieben, zum Verlust an der so notwendigen wirtschaftlichen, kulturellen und biologischen Vielfalt. Freiheit darf nicht zur Ausbeutung Schwächerer missbraucht werden. Sie bedeutet immer auch Verantwortung. Die muss allerdings von Verbrauchern eingefordert werden, wozu selbständiges Denken, oft auch Zivilcourage und die Überwindung von kleinlichen Ängsten um den erworbenen Wohlstand nötig sind. Die Werbung aber versucht, uns das Denken abzunehmen, zu manipulieren, zur Verschwendung zu verführen. Überhöhter Konsum führt zum Bedarf an dem dafür nötigen Geld. Beides kurbelt Umsätze an, schadet aber der Mitwelt ebenso wie unserer Innenwelt. Vielmehr sollten wir ständig die Politik an ihre Aufgabe erinnern, Gestalter und nicht Vollzugsorgan des Kapitals zu sein.

Wie kann es sein, dass wir der Wirtschaft dienen statt umgekehrt? Allzu lange schon bürden

wir die gewaltigen sozialen und ökologischen Folgekosten des Kapitalismus, besonders seiner neoliberalen Extremform, späteren Generationen auf. Es gilt zu verhindern, dass wir dem Profit immer mehr von unserer Lebensbasis, unserer Menschlichkeit und unserem Glück opfern. Aber jeder kann zum nötigen Umdenken beitragen, indem er jeden Kauf gut überlegt und neben dem Preis von Waren auch ihre Herkunft und die Bedingungen ihrer Herstellung erkundet. Wir brauchen eine liebevolle Ethik, eine Kultur der Ehrfurcht vor dem Leben, welche alle Religionen verbindet. Die Entlarvung und Entmachtung falscher Autoritäten wird wohl immer aufs Neue nötig sein. Weise Menschen beugen sich keiner weltlichen Macht, schon gar nicht dem Geld. Sie suchen die Verbindung zu unseren Wurzeln, zu den Rätseln des Seins.

Jeder Schritt hin zu einem bewussteren Leben vermindert unsere Abhängigkeit vom Geld und schenkt Freiheit. Wir sehen die Welt wieder als großes, komplexes Wunder statt als abstraktes Konstrukt aus Wirtschaftsinteressen und Marktmechanismen. Wir lernen eine tiefe Achtung gegenüber der Biosphäre, die uns mit allen anderen Lebewesen hervorgebracht hat und erhält. Wir entdecken, dass die aufmerksame Wahrnehmung der Natur die Solidarität mit allen Mitgeschöpfen stärken und uns gegen falsche Indoktrinationen wappnen kann.

Die Beziehungen der Blumen zu Rosenkäfern, Gartenhummeln und den vielen anderen Bestäubern gehören zu den alltäglichen Wundern der Schöpfung.

Glück des Gebens

Verschwenderische Fülle und überschäumende Lebensfreude kennzeichnen den Frühling. Wenn wir uns von der freigiebigen Natur berühren lassen, lernen wir, dass Geben froh und lebendig macht.

In den blühenden Wäldern, Fluren und Gärten regt sich immer mehr Leben. Vom Boden bis in die höchsten Zweige sind alle Tiere mit Nahrungs- und Partnersuche, mit Eiablage oder Brutpflege beschäftigt. Die Kaulquappen im Weiher wachsen heran, werden aber gleichzeitig weniger, weil sich Schwimmkäfer und Libellenlarven von ihnen ernähren. Die meisten Raupen auf dem Rosenstrauch verschwinden im Magen von Meisen und anderen Singvögeln, bevor sie die Pflanze ernsthaft beschädigen könnten. Ein Schwarm in der Luft tanzender Mückenmännchen erhält abwechselnd Besuch von paarungsbereiten Weibchen und hungrigen Vögeln oder Libellen.

Die Sehnsucht nach Fortbestand überwindet die Angst vor dem Scheitern, aber der Tod ist ebenso nah wie die Ekstase. Beide Pole gehören zum Leben, haben ihren Sinn, sind nötig im Beziehungsgefüge der Natur. Die Vermehrung dient offenbar nicht nur der Arterhaltung, sondern auch der Erzeugung von Nahrung für andere.

Für uns Menschen trifft Letzteres zum Glück nicht zu, weil wir am oberen Ende der Nahrungsketten stehen. Aber auch wir ernähren uns von anderen Lebewesen. Soweit sie in unserer Obhut heranwachsen, sind wir für deren Wohlergehen verantwortlich. Es wäre jedoch sentimental, würden wir beim Verspeisen jedes Hühnereis daran denken, dass es doch ein Küken werden wollte. Oder wenn das Knacken einer Nuss unser Gewissen belastete, weil sie auch zu einem schönen Baum heranwachsen hätte können.

Ebenso einseitig ist es, in der Natur lediglich einen stetigen Kampf ums Dasein zu sehen. Allzu gerne werden Konkurrenz, Hab- und Machtgier in unserer Gesellschaft als Naturgesetze gerechtfertigt, welche die Entwicklung fördern. Übersehen werden dabei mindestens ebenso wichtige Eigenschaften lebender Systeme wie Zusammenarbeit und Zusammenspiel, die Berührung von Gegensätzen, aus der Neues entsteht. Die Wolken von Blütenstaub über dem

Der Hausrotschwanz trägt wochenlang erbeutete Insekten zu seinen Jungen ins Nest.

Frühlingswald, die Millionen Löwenzahnsamen, die an Fallschirmchen mit dem Wind reisen, die Heere von Kleintieren, die andere Tiere satt machen, folgen alle einem Prinzip des Gebens und Loslassens. Wie viel besser fühlt sich diese schöpferische Fülle an gegenüber der Verschwendung in unserer Konsumgesellschaft, die angeblich die Wirtschaft antreibt, gleichzeitig aber ökologische und soziale Gefüge zerstört.

Wir können wohl manches kaufen, das Wesentliche für ein geglücktes Leben wird uns aber geschenkt. Und wir dürfen schenken – sinnvolle Dinge und Hilfestellungen ebenso wie Aufmerksamkeit und Zuwendung. Erfahrene Menschen wissen, dass Lieben noch glücklicher macht als geliebt zu werden.

Jeder freundliche Blick, jedes verständnisvolle Wort macht die Welt und unser Leben wärmer. Mit dem Vertrauen ist es ähnlich. Allzu leicht verlernen und versäumen wir durch überzogenes Streben nach Leistung, Besitz und Sicherheit die beglückende Hingabe an das Leben. Ein Schmetterling kann uns wieder daran erinnern, wenn er sonnenselig durch die laue Frühlingsluft flattert.

Liebesselige Hauhechel-Bläulinge auf der blühenden Knollen-Platterbse schenken Leben, aber auch Nahrung für andere.

Zauber des Wassers

Es ist ein vertrautes, dennoch nicht selbstverständliches Element. Die Schönheit seiner wechselnden Erscheinungen ermutigt uns zu einem achtsamen und naturnäheren Umgang mit diesem Symbol des Lebens.

Von Natur aus ist Süßwasser räumlich und zeitlich sehr unterschiedlich über das Festland unserer Erde verteilt. Seine Verfügbarkeit bestimmt wesentlich die jeweiligen Formen des Pflanzenkleids und der Lebensgemeinschaften. Auch menschliche Gesellschaften und Kulturen entwickelten sich in stetiger Auseinandersetzung mit dem natürlichen Wasserhaushalt einer Region. Die frühesten Hochkulturen in Ägypten und Mesopotamien entstanden in den Schwemmländern großer Ströme, deren jährliche Hochwässer eine überragende Fruchtbarkeit ermöglichten.

So alt wie die Sesshaftigkeit und der Ackerbau sind auch Eingriffe in den Kreislauf des Wassers. Das Bewässern von Wüsten und das Trockenlegen von Sümpfen gilt auch in übertragenem Sinn bis heute als Kulturtat. Aquädukte zur Wasserversorgung römischer Städte zählen zu den großartigen Zeugnissen antiker Baukunst.

Zu allen Zeiten mussten sich Menschen um die Beschaffung von Wasser ebenso kümmern wie um den Schutz vor Überflutungen. Öfter erleben wir, wie nahe Hochwasser und Dürre beieinanderliegen können. Jeder Gärtner kennt die Sorge um das lebenspendende Nass. In der jüngeren Geschichte gewinnen wir auch dessen Energie, von den alten Mühlrädern bis zu neueren Fluss- und Speicherkraftwerken.

Bei den vielen unterschiedlichen, oft konkurrierenden Nutzungen des Wassers dürfen wir nicht vergessen, dass Gewässer ein Eigenleben und einen Eigenwert haben. Selbst als Lebensraum werden sie allzu oft auf die bloße Produktionsstätte von Speisefischen oder das Revier von Sportanglern reduziert, wo Kormorane, Fischotter und andere jagende Arten als unerwünschte Feinde wahrgenommen werden.

Erst allmählich verbreitet sich das Bewusstsein einer sanften, naturnäheren Wasserwirtschaft: Durchlässige Böden, überflutbare Flussauen und andere Feuchtlebensräume speichern Wasser und mildern die Hochwässer, während Entwässerungen, Flächenversiegelungen und

Als einer der letzten geschiebereichen Nordalpenflüsse gestaltet der Tiroler Lech sein Bett ständig um. Eine Bürgerinitiative hat ihn vor geplanten Kraftwerken gerettet.

beengende Dämme den Abfluss beschleunigen und flussabwärts die Hochwassergefahr erhöhen.

Wasser ist mehr als ein bloßer Rohstoff. Dass wir es als Symbol des Lebens verehren, ist keine romantische Schwärmerei. Vielmehr ist das Entzücken an der Schönheit der unterschiedlichen Erscheinungsformen des Wassers ein wesentlicher Zugang zu Respekt und Achtsamkeit als Gegengewichten zu kleinlich-egoistischem Nutzungs- und Gewinnstreben.

Freuen wir uns an naturbelassenen Seen, an ungestauten Flüssen, die ihr Bett selbst gestalten, an dem reichen Leben in solchen Gewässern und an ihren Ufern. Setzen wir uns dafür ein, dass solche Juwele vor allen möglichen Kapitalverwertungen geschützt werden. Denn die Erhaltung selten gewordener Lebensräume sichert Werte, welche wichtiger und beständiger sind als das schnelle Geld.

Fischotter sind auch nach ihrer Rückkehr nicht allzu häufig, weil sie als Einzelgänger große Reviere beanspruchen. Nur bei unnatürlichem Fischbesatz werden sie zum Problem.

Wie viel Wildnis braucht der Mensch?

Noch unsere Großväter haben ungezähmte Natur als feindlich erlebt. Wir sollten uns eher vor einer Welt ohne Wildnis fürchten, denn dort wohnt ein großer Teil der Lebensvielfalt. Wir sind gefordert, diesen größten Reichtum unseres Planeten zu erhalten.

Mit ihrem Wasser- und Nährstoffreichtum sind Tieflandauen Mitteleuropas vitalste und produktivste Lebensräume. Hier ist die Regelsbrunner Au im Nationalpark Donauauen zu sehen.

Biodiversität heißt der etwas sperrige Begriff für die Fülle der Lebensformen samt ihren Lebensräumen. Sie ist Gegenstand von Umweltkonferenzen und internationalen Verpflichtungen. Denn diese Vielfalt enthält nicht nur zahllose Organismen, deren Nutzen für Ernährung, Medizin oder Technik noch gar nicht entdeckt ist. Die Biodiversität ist auch dafür verantwortlich, Wasser und Luft zu reinigen, Krankheiten und Schadorganismen zu unterdrücken, Atmosphäre und Klima zu stabilisieren.

Von fernen Tropenwäldern und Korallenriffen bis zu heimischen Wildflüssen oder Kulturlandschaften schwinden jedoch diese Lebensräume samt ihren Bewohnern dramatisch. Aber mit ihrem Verlust wächst auch die Erkenntnis, wie notwendig wir sie brauchen, wie unser körperliches und seelisches Wohlbefinden von ihnen abhängt.

Immer mehr Menschen setzen sich auch in unserer Heimat für die Erhaltung verbliebener Naturreste ein, oft wurde ihre drohende Zerstörung durch den politischen Druck von Bürgerinitiativen verhindert. So manches heute viel besuchte landschaftliche Juwel, vom Tiroler Lechtal bis zum mittleren Kamptal, von den Krimmler Wasserfällen bis zu den Donau-Auen östlich von Wien, wurde durch die beherzte Abwehr beabsichtigter Kraftwerke bekannt. Fast alle österreichischen Nationalparke gehen ursprünglich auf ökologisch desaströse Kraftwerksplanungen zurück, die von Politik und Behörden unterstützt wurden. Erst ziviler Widerstand engagierter Bürger lenkte die Aufmerksamkeit einer breiteren Öffentlichkeit auf die Schönheit und Einmaligkeit dieser Landschaften.

Die ersten Staumauern vor 50 oder 100 Jahren waren ein Gewinn für die Allgemeinheit, heute ist es die Bewahrung letzter naturbelassener Flussabschnitte. Bei Projekten für erneuerbare Energie ist zu bedenken, dass verlorene Landschaften und ausgestorbene Lebewesen

niemals erneuerbar sind. Ähnliches gilt für so mache andere Erschließungen, von Autobahnen bis zu Liftanlagen, sobald sie ökologisch und ästhetisch sensible Gebiete berühren.

Auch das Kulturland lebt von Zwischenstrukturen natürlicher Elemente, die von Rainen und Hecken bis zu Tümpeln oder Felsblöcken reichen. Land- und forstwirtschaftliche, aber auch großtechnische oder touristische Monokulturen zerstören die Biodiversität. Es ist wichtig, dass sich möglichst viele Menschen auf die langfristigen Werte einer Landschaft besinnen, um ihre vielfältigen Funktionen und ihre Schönheit vor gedankenloser Vernichtung zu retten. Im kleinen Maßstab können wir auch im eigenen Garten Vielfalt statt Einfalt fördern, wenngleich noch so viele Naturgärten keine Naturlandschaft ersetzen können.

Wir werden auch emotional von der Größe und Erhabenheit einer ungezähmten Wildnis, der Persönlichkeit eines alten Baums oder der Anmut einer vielfältigen Bauernlandschaft angezogen. Hier finden wir die heilende und inspirierende Kraft der Natur. Wenngleich wir uns auch manchmal gegen sie behaupten müssen, ist Wildnis kein Gegner, sondern Grundlage und Teil der Kultur. Die Bewahrung ihrer letzten Reste schulden wir unseren Enkeln.

Eisvögel bauen ihre Brutröhren in steile Uferanrisse, die es nur an unverbauten Flüssen gibt.

Die dunkle Welt der Wurzeln

Der Boden trägt nicht nur die Pflanzen. Er ist ein wichtiger Speicher für Wasser, Kohlenstoff und andere Elemente. Als Schaltstelle einer perfekten Kreislaufwirtschaft ist er ein extrem dicht besiedelter Lebensraum.

Wenn wir im Frühling den Boden öffnen, um zu säen und zu pflanzen, bemerken wir darin außer ein paar Regenwürmern nur wenig Lebendiges. Dabei ist diese dünne Grenzschicht unserer Erdkruste, wo sich verwittertes Gestein, Luft, Wasser und Vegetation durchdringen, die wichtigste Basis allen Lebens auf dem Festland. Denn darauf wachsen die Pflanzen, von denen die Nahrungsketten ihren Ausgang nehmen und alle anderen Lebewesen abhängen.

Gleichzeitig wird im Boden alles Abgestorbene verwertet und in immer kleinere Bestandteile zerlegt, die schließlich, von den Wurzeln wieder als Nährstoffe aufgenommen, die Pflanzen aufbauen helfen. Ein Milliardenheer aus winzigen Tieren, Pilzen und Bakterien baut organischen Abfall in wenigen Monaten oder Jahren ab und verbindet Humus mit Ton zu Bodenkrümeln. Diese enthalten Pflanzennahrung und bilden die richtige Struktur aus groben und feinen Poren. Während in den größeren Hohlräumen Luft zirkulieren und Wasser versickern kann, halten die Feinporen Wasser fest oder saugen es sogar durch Kapillarwirkung aus dem Untergrund.

Mit ihren normalerweise verborgenen Wurzeln setzt sich jede höhere Pflanze mit dem Boden und seiner Lebenswelt auseinander.

Die Leistungen des Bodens gehen über die mechanische Verankerung der Wurzeln weit hinaus und reichen von der Versorgung der Pflanzen mit Wasser, Nähr- und Wirkstoffen bis zur Abfallverwertung, vom Schutz vor Abschwemmung bis zum Rückhalt von Niederschlagswasser und der Speicherung von Kohlendioxid im Humus. Wir nehmen diesen denkbar dicht besiedelten Lebensraum allerdings kaum wahr, weil er im Dunkeln liegt und seine Bewohner zum größten Teil mikroskopisch klein sind. Die mangelnde Beachtung dieser Lebenswelt zu unseren Füßen ist aber eine der Ursachen für die weltweite Humusvernichtung und Wüstenbildung durch Bewirtschaftungsfehler.

Biogärtner und Ökolandwirte wissen um die zentrale Bedeutung des Bodens und seines Lebens. Daher sorgen sie für seine Ernährung durch organische Düngung, sei es in Form von

verrottetem Kompost oder frischem Mulch. Außerdem lockern sie ihn möglichst ohne tiefes Wenden, damit die Bodenschichten mit ihren jeweils spezifischen Organismen erhalten bleiben. Schließlich vermeiden sie ätzende oder giftige Chemieprodukte, die auch in manchen käuflichen Pflanzerden und Humusdüngern enthalten sind.

Nur ein oder zwei Spannen misst der belebte Oberboden, der in Abhängigkeit von Gestein, Klima und Pflanzendecke eine recht unterschiedliche Farbe, Struktur und Fruchtbarkeit aufweisen kann. Er ist in Jahrtausenden gewachsen und kann in wenigen Jahren verloren gehen. Dass bereits frühe Kulturen um den herausragenden Stellenwert dieser dünnen, verletzlichen Oberfläche des Festlandes wussten, beweist das Wort „Erde" oder das lateinische „terra", welches eine Handvoll Boden ebenso bezeichnet wie unseren heimatlichen Himmelskörper.

Es lohnt, solch feinem Sinn der Sprache nachzuspüren und unseren Boden als Teil der einzigartigen Biosphäre zu sehen. Wenn wir dieser geheimnisvollen Welt mehr Zuwendung und Verständnis entgegenbringen, werden wir gesunde Nahrung von einem gesunden Land und lebendigen Garten ernten. Im Kleinen wie im Großen bleiben wir lieber am Boden und treten ihn nicht mit Füßen, sondern sind dankbar, dass er uns trägt.

Regenwürmer spielen bei der Zersetzung organischen Abfalls, der Verbindung von Ton und Humus sowie der Bildung einer porösen Krümelstruktur eine wichtige Rolle.

Von Pflanzen und Menschen

Anbau und Zucht von Kulturpflanzen ermöglichte den Menschen, sesshaft zu werden. Nahrung aus dem eigenen Garten schenkt uns neben ihrer besonderen Qualität auch das Erlebnis ihrer Entstehung – als Pflanze und als Kulturgut.

Essbare Pflanzen von der Aussaat bis zur Ernte zu begleiten, gehört zu den elementarsten menschlichen Tätigkeiten. Sie war neben der Domestikation der Haustiere die Hauptbeschäftigung hunderter Generationen vor uns, begründete und prägte unsere Zivilisation. Eigenes Gemüse und Obst erschließt uns nicht nur den unvergleichlichen Geschmack frischer Bioprodukte, sondern auch Gedanken zur Geschichte der Kulturpflanzen, die auch ein Teil unserer Geschichte ist.

Viele Pflanzenarten werden seit Jahrtausenden kultiviert. Dabei entstanden immer neue Sorten mit Anpassungen an Verwendungszwecke, lokale Klima- und Bodenverhältnisse. So waren zum Beispiel bereits in der Antike Lattichsalate geschätzt, die im Gegensatz zu ihren wilden Vorfahren weniger Stacheln und Bitterstoffe hatten, aber nur Blattschöpfe bildeten. Im Mittelalter taucht der Salat in China auf, wo aus ihm Spargelsalat mit fleischigen Sprossen entstand. Erst im 16. Jahrhundert ist in Mitteleuropa der Kopfsalat mit seinen vielen zarten Blättern gezüchtet worden.

Die meisten Kulturgewächse stammen aus entfernten Weltgegenden – aus dem Nahen und Fernen Osten die alten, aus Mittel- und Südamerika die neuzeitlichen wie Bohne und Paprika, Tomate und Kartoffel, der „Erdapfel", der bis ins 18. Jahrhundert als giftiges Ziergewächs galt. Wandernde Völker und Entdeckungsreisende haben diese Pflanzen zu uns gebracht, Auswanderer haben deren Samen als wichtigstes Reisegepäck in ihre neuen Kolonien mitgenommen, um sich von ihnen zu ernähren und sie weiterzuzüchten.

So wurde die natürliche Pflanzenvielfalt durch zahlreiche Zuchtformen weiterentwickelt. Kulturpflanzen bringen gegenüber Wildpflanzen eine vielfache Menge an Nahrung für den Menschen hervor, sind dafür aber auf seine Pflege angewiesen. Beide sind voneinander abhängig. Sie leben in einer ähnlichen ökologischen Beziehung wie beispielsweise Blumen und ihre

Gemüse und Blumen im Garten erinnern uns an ihre oft lange Entwicklung aus Wildformen durch Kultur und Züchtung.

Bestäuber. In einer Ko-Evolution haben nicht nur Menschen die für sie geeignetsten Pflanzen selektiert. Auch die Pflanzen haben durch nahrhafte Wurzeln, Sprosse, Blätter oder Früchte Menschen dazu gebracht, sie mit großem Aufwand zu pflegen und zu verbreiten.

Die industrielle Landwirtschaft zerstört allerdings die Vielfalt der in Jahrtausenden gewachsenen Bodenkultur. Dabei hat sie wegen ihres enormen Energie-, Rohstoff- und Umweltverbrauchs keine Zukunft. Der Weltagrarrat empfiehlt einen radikalen Kurswechsel: Nur eine kleinbäuerliche Landwirtschaft könne die Menschheit auf Dauer ernähren. Diversifizierte Kleinbetriebe können aus einem Stück Land mit weniger Betriebsmitteln mehr Nahrung gewinnen als Monokulturen. Deshalb sind die von Vereinen wie Arche Noah betriebene Erhaltung des Sortenreichtums und die Abwehr der von Agrokonzernen angestrebten Patente auf Lebewesen von enormer Bedeutung.

Im Garten mit naturnahen Methoden Nahrungspflanzen heranzuziehen, zu betreuen und zu ernten, macht uns zu sanften Partnern unserer Welt. Denn wir verstehen allmählich, dass biologische und kulturelle Vielfalt nicht voneinander zu trennen sind und dass beide unser Leben bereichern.

Aus ertragsschwachen Gräsern entstanden durch jahrtausendelange Auslese Roggen und andere Getreide in zahlreichen Sorten.

Tierische Lebensmittel

Die industrielle Tierproduktion ist ethisch und ökologisch ein Irrweg. Dagegen sind artgerecht gehaltene Tiere in manchen Bereichen unverzichtbar für Landschaft und Ernährung. Auch hier kommt es auf Sinn und Maß an.

Wie alle Tiere ernähren auch wir uns von anderen Lebewesen. Daher beeinflussen wir mit unserer Ernährung direkt unsere Mitwelt und unsere Mitgeschöpfe. Aus Tierschutzüberlegungen verzichten viele Menschen auf Fleisch oder gar auf alle tierischen Nahrungsmittel. Eine artgerechte und biologisch vernünftige Tierhaltung ist aber für die Welternährung ebenso wesentlich wie für viele Kulturlandschaften.

Weltweit ist ein großer Teil der landwirtschaftlichen Nutzflächen für Ackerbau ungeeignet, weil das Gelände dafür zu steil oder das Klima zu trocken oder zu kühl ist. Dort wachsen nur dem Standort entsprechende Gras- oder Wiesengesellschaften. Dieses sogenannte Grünland ist uns auch in den höher gelegenen Regionen Mitteleuropas vertraut. Die Haltung von Rindern, Schafen und anderen Wiederkäuern hat hier Wiesen, Weiden und Almen entstehen lassen, deren zellulosereiches Futter erst durch diese Tiere in Nahrung für Menschen verwandelt werden kann. Und die besteht nun einmal aus Fleisch und Milch sowie deren Verarbeitungsprodukten. Schweine und Hühner sind auf andere Weise wertvoll, indem sie aus Abfällen wertvolle Lebensmittel erzeugen können.

Die landwirtschaftliche Intensivierung und Massentierhaltung zerstört all diese sinnvollen Funktionen und macht Nutztiere zu Nahrungskonkurrenten des Menschen sowie zu Verursachern von Umweltproblemen. Selbst in Regionen mit einer hungernden Bevölkerung wird immer mehr Getreide oder Soja für das Vieh der reichen Industrieländer exportiert. Dort wird es als Kraft- und Mastfutter alsbald zu Gülle, die das Grünland überdüngt, seine Blumen- und Artenvielfalt vertreibt sowie Grundwasser und Oberflächengewässer verdirbt. Auf diese pervertierte Form der Nahrungsproduktion ist Konsumverweigerung tatsächlich die angemessene Antwort. Sie sollte aber mit der Förderung von wünschenswerten Alternativen einhergehen. Zum Glück gibt es die inzwischen gut eingeführte Biologische Landwirtschaft. Viele Bauern

Glückliche Rinder halten den Talboden am Kamp bei Altenhof offen. Ohne Tierhaltung gäbe es unsere landschaftsprägenden Wiesen nicht.

haben trotz des von Billigbietern beherrschten Marktes und trotz industriegesteuerter Beratungen ihr eigenständiges Denken behalten – und sind damit erfolgreich.

Der Anstieg der Weltbevölkerung verstärkt neben allen anderen ökologischen Problemen auch den Hunger. Es könnten trotzdem alle satt werden, wenn in jedem Land der Ackerbau vorrangig der eigenen Ernährung statt der Erzeugung von Exportprodukten dienen würde. Das wahre Problem ist die Nachfrage der Satten und Wohlhabenden nach immer mehr billigem Fleisch und anderen aus der Landwirtschaft stammenden Rohstoffen, etwa Palmöl. Wenn wir sozial und ökologisch bedenkliche Nahrungsmittel meiden und dafür saubere tierische Lebensmittel bevorzugen, fördern wir eine gesunde Landwirtschaft im Süden und bei uns. Je mehr Menschen solche Zusammenhänge erkennen, desto eher werden die hohen Landwirtschaftsförderungen von schädlicher Massenerzeugung auf qualitätvolle, gesamtwirtschaftlich und ökologisch sinnvolle Verfahren umgelenkt.

Die hungrigen Massen, vor denen man uns zuweilen Angst machen will, sind in Wahrheit unsere Verbündeten beim Aufbau einer solidarischen, gegenüber Mensch und Natur rücksichtsvollen Weltgemeinschaft.

Die Almwirtschaft, die Sommerweide auf Bergen hoch über dem Heimgut, ist eine schützenswerte Besonderheit der Alpen.

Blumenwiese

Sie ist Futterquelle für Tiere und zugleich Augenweide, vor allem aber ist sie Sinnbild der Harmonie zwischen Natur und Mensch. Plädoyer auf ein einzigartiges Ökosystem – und die Landwirte, die es erhalten.

Artenreiche, nicht überdüngte Wiesen bei Kaisers in den Lechtaler Alpen sind ein sinnfälliges Symbol einer harmonischen und gesunden Landnutzung.

Eine Wiese voller bunter Blumen gilt als Inbegriff einer heilen Natur. Viele Gräser, Kräuter und Tiere sind auf diese Lebensstätte angewiesen. Aber fast alle Wiesen sind durch Menschen entstanden und werden durch sie erhalten. Mit Ausnahme von Alpinrasen und Trockensteppen sind diese Lebensräume künstliche Ökosysteme auf ursprünglichen Waldstandorten. Offenes Grünland gibt es nur dort, wo grasfressendes Vieh gehalten wird. Deswegen ist die Kulturlandschaft von der Landwirtschaft geprägt, und beide leiden gleichermaßen an den Folgen einer zwanghaften Rationalisierung und Intensivierung: Steilere oder ungünstig gelegene Wiesen werden aufgeforstet, die übrigen zur Ertragssteigerung immer mehr gedüngt und häufiger gemäht. Auf der Strecke bleiben die Kleinbauern, der Artenreichtum und die Nachhaltigkeit.

Die Nährstoffzufuhr in Form von Handelsdünger oder Kraftfutter sowie die Konservierung als Silofutter statt der Heutrocknung ermöglichen bis zu sechs Schnitte im Jahr und einen hohen Viehbesatz. Aber nur wenige Pflanzen- und Tierarten können unter diesen Bedingungen noch überleben und regenerieren, dafür müssen nährstoffliebende Unkräuter chemisch bekämpft werden. Zum Glück entziehen sich viele Bauern diesem Ungeist der Zeit, ernten zweimal im Jahr gesundes, kräuterreiches Futter und bekommen auch öffentliches Fördergeld für umweltgerechte Landwirtschaft. Sie freuen sich mit uns an der Schönheit ihrer blühenden Wiesen mit ihrer fliegenden, springenden und krabbelnden Tierwelt, an Primeln, Nelken und Grillengezirpe im Frühling, an Margeriten und Witwenblumen, Bläulingen und Heuschreckengesang im Sommer. Mehr oder weniger bewusst empfinden wir diese Schönheit als Ausdruck der Harmonie in jener erstaunlichen Symbiose von Natur und Menschenwerk.

Dass diese Pracht in ihrer vollen Blüte gemäht und zu Futter gemacht wird, gehört dazu. Ohne regelmäßigen Schnitt oder Weidegang entwickelt sich jede Wiese in wenigen Jahren zum Jungwald, verliert ihren ästhetischen und ökologischen

Reichtum. Länger braucht eine frisch angelegte Wiese, bis sich ihre vollständige Vielfalt einstellt. Auch das Abmagern einer durch Überdüngung an Arten verarmten Wiese ist weitaus langwieriger, als Dünger zu streuen.

Im Naturgarten sind Blumenwiesen ein wichtiges Thema. Allerdings wird unsere Geduld dabei oft auf eine harte Probe gestellt, weil auch viele Gärten an Nährstoffüberschüssen leiden, die nur allmählich mit dem Mähgut entfernt werden. Da lernen wir, jenen Bauern zu danken, welche seit Generationen die besonders artenreichen mageren, trockenen oder feuchten Wiesen und Böschungen trotz ihres geringen Ertrages nutzen und erhalten. Unentbehrlich sind auch Pflegeeinsätze von Naturschutzvereinen, die nicht mehr bewirtschaftete, aber ökologisch wertvollste Wiesen erhalten.

Blumenreiche Wiesen sind nicht nur als Futterbasis und Lebensraum wertvoll. Wir verbinden mit ihnen auch viele positive Erfahrungen und Gefühle, vom Entzücken an diesem besonderen Schmuck unserer Landschaft bis zur Begegnung mit den dort noch zahlreichen Gliederfüßern und Vögeln. Sie gehören zu unserer Kultur und Identität. Im Grunde spiegeln Wiesen ebenso wie Gärten die Werte und das Verständnis ihrer Besitzer. So wie auch unsere Biosphäre ein Spiegel unserer Gesellschaft ist und nur durch einen Wertewandel zu einem ganzheitlichen und achtsamen Denken hin lebenswert bleiben wird.

Im Flach- und Hügelland hat die Ertragsmaximierung Blumenwiesen auf kleine Restflächen zurückgedrängt.

Bruder Baum

Die größten Pflanzen auf unserer Erde prägen vielerlei Lebensräume. Auch dort, wo der ursprüngliche Wald gerodet wurde und sich Wiesen, Felder oder Siedlungen breiten, sind Bäume weit mehr wert als nur ihr Holz.

Einzelbäume in offener Landschaft, wie dieser Birnbaum im Wienerwald, entwickeln sich zu weithin sichtbaren Persönlichkeiten.

Mit ihrer Höhe geben Bäume den Landflächen die dritte Dimension, gliedern sie in Räume. Für uns Menschen sind sie oft auch Symbole des Lebens, starke Vorbilder oder Beschützer. Wie sie im Boden verwurzelt sind und gleichzeitig himmelwärts streben, ihre Äste dem Licht entgegenstrecken, aber auch Stürmen und Schneelasten trotzen, verdienen sie unsere Bewunderung. Als eindrucksvolle Gestalten, die uns überragen und überdauern, sind sie wunderbare Gleichnisse für Mühsal und Segen, für Stärke und Glück unseres Lebens. Es ist kein Zufall, dass Bäume Heiligenbilder, Kapellen und andere Stätten der Andacht bewachen. Im Schatten besonderer Bäume schöpfen viele Menschen Kraft oder treffen sich mit anderen zu Spiel und Gespräch.

Solche persönlichen Beziehungen zu Bäumen mögen robusteren Gemütern als wirklichkeitsfremde Schwärmerei erscheinen. Selbstverständlich gewinnen wir aus Bäumen einen äußerst vielseitigen Rohstoff. Die Forst- und Holzwirtschaft ernährt viele Menschen und liefert eine Menge unentbehrlicher Güter, vom edlen Tischlerholz bis zum umweltfreundlichen Heizmaterial. Das Fällen von Bäumen ist deshalb ganz normal wie jede Ernte. Aber es kommt auch dabei auf das rechte Augenmaß an. Denn Bäume leisten weit mehr.

Mit ihrem tiefen Wurzelwerk schließen sie den Boden auf, lockern, sichern und beleben ihn. Ihre Kronen spenden Schatten, bremsen Niederschlag und Wind, schützen gegen Trockenheit und Erosion. Sie beherbergen ganze Gemeinschaften von verschiedenen Tieren. Gerade sehr große, kranke und tote Bäume sind mit ihren kleinen und großen Nischen und Hohlräumen wichtige Wohnstätten und Nahrungsgründe unzähliger Lebewesen. Außerdem tragen ausgewachsene Bäume mit ihren artspezifischen Wuchsformen wesentlich zur Schönheit und Unverwechselbarkeit einer Landschaft bei.

Waldbesitzer werden von der Forstbehörde für das Belassen sogenannter Spechtbäume

belohnt. Auch die Einrichtung von Naturwaldreservaten wird entschädigt. Eine gewisse Naturnähe und Strukturvielfalt auch im Forst gehört zu einer ganzheitlich nachhaltigen Bewirtschaftung. Leider werden solche für die Artenvielfalt und Stabilität des Waldes so wichtigen Erfordernisse oft noch immer von unverständigen Interessenvertretern als Eingriff in Besitzrechte aufgefasst und öffentlich bekämpft.

In der offenen Landschaft ist jeder Baum besonders wichtig. Trotzdem verschwinden immer mehr davon, obwohl Bauern damit den Verlust von Fördergeldern riskieren. In Siedlungen, wo Bäume zu keiner Gefahr werden dürfen, geben manche Gemeinden viel Geld aus, um die Sicherheit ihres grünen Schmucks zu überwachen, während insbesondere am Land oft der geringste Verdacht eines Anrainers genügt, dass schönste Bäume auf öffentlichem Grund leichtfertig geschlägert werden.

Es vergeht mindestens ein Menschenleben, bis eine vorschnell gefällte Baumpersönlichkeit von einem nachgepflanzten Baum einigermaßen ersetzt werden kann. Deshalb brauchen wir eine bewusstere Baumgesinnung. Jenseits aller Sentimentalität haben wir viele Gründe, Bruder Baum jene Wertschätzung zu erweisen, die er verdient.

Der alte Kirschbaum im Waldviertel wird von Vögeln geerntet, von Kleintieren bewohnt und schmückt zu jeder Jahreszeit die Landschaft.

Erlebnis Wald

Der Wald, das ursprüngliche Pflanzenkleid unserer Heimat, kann seine vielfältigen Aufgaben nur erfüllen, wenn Forst und Jagd ihn maßvoll statt maximal nutzen. In naturnahen Wäldern kann man auch mehr erleben.

Wälder bestehen nicht nur aus Bäumen und beherbergen nicht nur das Wild, sondern sind eine hochkomplexe Lebensgemeinschaft. Neben ihrem direkten Ertrag aus Forst und Jagd erfüllen sie viele Aufgaben. Als Wasser- und Kohlenstoffspeicher sind sie für die Allgemeinheit ebenso segensreich wie als Orte der Erholung. Wo sie allerdings in eintönige Forstplantagen umgewandelt wurden, haben sie viel von ihren Funktionen eingebüßt.

Umso wertvoller sind naturnahe Wälder, die von weitblickenden Forstleuten bewirtschaftet werden. Standortgerechte Mischwälder mögen geringere Erträge als Nadelholzforste bringen. Dafür sind sie stabiler und weniger durch Trockenheit, Borkenkäfer, Stürme und andere Gefahren bedroht. Nachhaltig sind sie zusätzlich, indem sie weitaus mehr Arten beherbergen, die Fruchtbarkeit und das für den Wasserhaushalt so wichtige Porengefüge des Bodens erhalten. Naturverjüngungen bieten dem Wild Deckung und reichlich Nahrung, während Pflanzungen vor ihm geschützt werden müssen. Allerdings können durch Fütterung künstlich überhöhte Wildbestände den Nachwuchs der Bäume bis auf den letzten Keimling vernichten. Im Schutz von Reisig und Fallholz wächst aber manches Bäumchen leichter heran. Ein gesunder Wald wirkt daher weniger wie eine aufgeräumte Halle, sondern enthält auch Elemente der Wildnis.

Eine naturnahe Jagdwirtschaft verzichtet auf zu hohe Wildpopulationen und einseitige Trophäenzucht mittels Kraftfutter sowie auf die Verfolgung von Beutegreifern und Greifvögeln. Denn alle diese Organismengruppen sind wertvoll in einem sich weitgehend selbst regulierenden Ökosystem. Und als Wanderer oder Sportler müssen wir alle im Wald gegenüber diesem wunderbaren System unterschiedlichster Lebewesen besonders achtsam und rücksichtsvoll sein.

Naturwälder, in denen jegliche Nutzung unterbleibt, erkennt man nicht nur an alten, starken Bäumen, sondern auch an den großen

In nutzungsbefreiten Wäldern, wie im Wildnisgebiet Dürrenstein, erleben wir eindrucksvoll das Walten der Natur.

Mengen von stehendem und liegendem Totholz. Und dieses ist höchst lebendig, weil sich unterschiedlichste Pilze oder spezialisierte Käferlarven darin entwickeln. Beispielsweise wächst unser größter Käfer, der Hirschkäfer, drei bis fünf Jahre lang in morschem Eichenholz heran, der noch seltenere Alpenbock in besonnten, frisch abgestorbenen Buchen. Spechte und Eulen, Fledermäuse und eine Menge anderer Tiere wohnen in den Höhlen alter Bäume.

Naturwaldreservate und andere strenge Waldschutzgebiete, in denen jeglicher forstliche Eingriff unterbleibt, sind als Rückzugsraum seltener Arten für die Erhaltung der biologischen Vielfalt unentbehrlich. Außerdem werden sie gebraucht als Freilandlabor zur Erforschung der Prozesse und Funktionsweisen ursprünglicher Wälder, wovon die gesamte Waldwirtschaft profitiert. Sind doch diese Wunder der Schöpfung und Evolution dort am lebendigsten, wo sie vom Menschen wenig verändert wurden.

So wie wir unsere letzten Flüsse vor Kraftwerksvorhaben oder unberührte Berge vor Seilbahnen und anderen Erschließungen schützen, brauchen wir ein ausreichend dichtes Netz von Naturwäldern, damit auch unsere Enkel ihre märchenhafte Schönheit und Lebensvielfalt erfahren können.

Der krähengroße Schwarzspecht braucht alte Bäume zum Bau von Höhlen, die auch von Kleineulen, Fledermäusen und anderen Tieren bewohnt werden.

Die Botschaft der Bienen

Neben unseren kleinsten Haustieren gibt es hunderte Wildbienenarten, die für die Blütenbefruchtung ebenso wichtig sind. Sie alle geben uns Hinweise auf den Zustand ihres – unseres – Lebensraums.

Je mehr wir über Bienen wissen, desto mehr bewundern wir sie. Die Vorratswirtschaft und der sprichwörtliche Fleiß der Honigbienen galten immer schon als Vorbild für den Menschen, zeitweise auch ihr Mut und Opfersinn, mit dem die stechenden Immen einen Feind angreifen, dabei den Tod finden, aber ihr Volk und ihre Königin verteidigen. Der Österreicher Karl v. Frisch entschlüsselte ihre verblüffende Tanzsprache, mit der heimgekehrte Arbeiterinnen ihren Kolleginnen im Stock die Richtung und Entfernung einer Futterquelle mitteilen.

Bienen sammeln und bereiten edlen Honig, Wachs und die heilkräftige Propolis. Sie werden zur Gewinnung dieser begehrten Erzeugnisse von Imkern gehalten, betreut und gezüchtet. Ihre Leistung bei der Bestäubung von Blüten und damit für die Fruchtbildung ist ebenso hoch zu bewerten wie ihre Produkte. Deshalb schätzen viele Menschen diese Tiere und registrieren, wenn ihnen etwas zustößt. So führte ein massives Bienensterben nach der Aussaat von mit Neonicotinoiden gebeiztem Mais nach jahrelangem Ringen mit der Chemie- und Agrarlobby zum Verbot dieser gefährlichen Stoffe. Man kann Mais nämlich vor dem Maiswurzelbohrer viel eleganter schützen, indem man einen Fruchtwechsel einhält, wie es eigentlich gute bäuerliche Praxis wäre.

Neben der Honigbiene gibt es allein in Österreich nahezu 700 Wildbienenarten. Nur wenige, etwa die Hummeln, bilden kleine und kurzlebige Völker. Die weitaus meisten leben als Single, die Brutfürsorge ist allein Sache der Weibchen. Sie legen nur wenige Eier, umso emsiger widmen sie sich dem Nestbau und der Versorgung der Brutzellen mit Nahrungsvorräten für die Larven. Je nach Art graben sie Gänge in den Boden, in Totholz oder Markstängel, nutzen bestehende Hohlräume wie Käferfraßgänge, hohle Stängel, leere Schneckenschalen, Fels- und Mauerspalten oder errichten eigene Nester. Kuckucksbienen ersparen sich als Brutparasiten diese Mühen und lassen andere Arten für ihren Nachwuchs arbeiten, indem sie ihre Eier in deren Nest schmuggeln.

Alle Bienen ernten ausschließlich Blütenprodukte. Generalisten besuchen vielerlei Blumen,

Sandbienen sind eine artenreiche Gattung unter den hunderten Bienenarten. Die Weibchen graben Bodennester an spärlich bewachsenen Stellen.

etwa die Hälfte unserer Arten sammelt aber nur an einer einzigen Pflanzengattung oder -familie. Diese spezialisierten Arten fliegen z. B. nur auf Weiden, Glockenblumen, Lauchgewächse oder Lippenblütler und sind von diesen abhängig. Vielfältige Kulturlandschaften mit Blumenwiesen und Rainen, Hecken und Sandwegen beherbergen daher die meisten Wildbienen. Sogenannte Insektenhotels mit Hohlraumangeboten helfen zwar nur wenigen Arten, sind aber eine nette Möglichkeit, diese ebenso unscheinbaren wie ökologisch wichtigen Tiere zu beobachten. Für sie können Grund- und Gartenbesitzer sinnlose Perfektion gegen etwas mehr kreative Wildnis tauschen. Erdwege statt Asphaltbahnen, Straßenböschungen, die nur jährlich gemäht werden, fördern Bienen und schonen öffentliche Kassen. Die Anlage mehrjähriger Blühstreifen auf Feldern wird Landwirten bezahlt, nützt vielen weiteren Tieren und macht jede Landschaft freundlicher.

Das Leben oder Sterben der Bienen gibt uns Auskunft über die Gesundheit unserer Lebensräume. Eine bienenfreundliche Welt ist zwar noch keine heile Welt, aber ein wichtiger Schritt in eine lebenswerte Zukunft. Eine biologische Bodenkultur kann jeder Konsument fördern, jeder Landwirt oder Kleingartenbesitzer am eigenen Grund praktizieren. Und jeder Mensch kann dort die frohe Vielfalt der wirbellosen Tiere entdecken, erleben und bestaunen.

Mit heimischen Wildblumen wie dem Geißbart kann man Wegränder und Gärten bienenfreundlich gestalten.

Botschaft der Schmetterlinge

Wir freuen uns über die bunten Blumenkinder in Gärten, Wäldern und Wiesen. Sie führen uns vor Augen, dass das Leben durch Beziehungen und Veränderungen funktioniert.

Der Russische Bär besucht, wie viele andere Insekten, besonders gerne den Wasserdost, der sich auch für den Staudengarten eignet.

Die Befruchtung von Blumen durch Insekten gehört zu den reizvollsten Kapiteln der Biologie. Denn Schönheit und Duft der Blüten, die uns so anziehen, sollen eigentlich bestäubende Insekten auf süßen Nektar aufmerksam machen. Dieser liegt freilich so schwer erreichbar am Blütengrund, dass genäschige Besucher Staubgefäße und Narben berühren müssen und so den befruchtenden Pollen zur nächsten Blüte transportieren.

Dieser Tausch von Nahrung gegen Liebesdienste hat im Laufe der Evolution zur gegenseitigen Anpassung von Blumen und Bestäubern geführt. Manche Blüten sind allen Nektarsammlern zugänglich. Sehr enge und tiefe Blütenkelche wie jene der Disteln können nur von Insekten mit langen Rüsseln genutzt werden. Zu diesem Zweck haben Schmetterlinge ein dünnes Saugorgan, das im Ruhezustand spiralig eingerollt ist, aber mehrere Zentimeter tief in eine Blume eingetaucht werden kann. Schwärmer tun dies sogar, indem sie ohne zu landen im Rüttelflug vor der Blüte schweben.

Diese Beziehungen zu Blumen sind aber nicht die einzigen im Leben eines Schmetterlings. Natürlich ist er auch auf der Suche nach einem Liebespartner, mit dem manche Arten im Flug einen flatternden Reigen tanzen. Dem gegenseitigen Erkennen dient ja ihre leuchtende Färbung. Nachtfalter finden sich durch den Duft der Weibchen, den die Männchen mit ihren großen Antennen aus kilometerweiter Entfernung wahrnehmen. Diese Tiere haben oft ein Tarnmuster.

Die befruchteten Weibchen suchen zur Eiablage ganz bestimmte Pflanzen, denn nur davon können sich die daraus schlüpfenden Raupen ernähren. So entwickeln sich die Larven vom Zitronenfalter auf Faulbaum und Kreuzdorn. Weniger freuen uns die Kohlweißlinge, weil ihren Raupen das Kohlgemüse schmeckt. Dagegen sind die immer einzeln auftretenden Schwalbenschwanzraupen ein harmloser Schmuck auf Karotten oder Dill.

Tagpfauenauge, Kleiner Fuchs und Admiral wachsen auf Brennnesseln heran. Dass ausgerechnet diese schönsten Schmetterlinge von

einem verachteten Kraut kommen, sollte zu denken geben. Die leuchtenden Blütenbesucher sagen uns, dass sie ohne dieses nicht existieren würden. Jede Wildpflanzenart ist in ökologische Partnerschaften mit Tieren eingebunden. Daher können wir sogar im Garten zur Erhaltung der Kleintierwelt beitragen. In unseren oft durch Intensivnutzung verarmten Landschaften kann ein Naturgarten zu einer kleinen Oase werden, wenn wir statt steriler Übersichtlichkeit heimischen Pflanzenwuchs fördern. Gerade viele Schmetterlinge sind anspruchslos, wenn sie nur das richtige Raupenfutter finden, wobei die ebenso wehrhafte wie nahrhafte Brennnessel besonders viele Arten ernährt und deshalb an ein paar sonnigen und schattigen Plätzen willkommen ist.

Die Schönheit dieser leichtflügeligen Blumenkinder und ihre Verwandlung vom Ei über das Raupen- und Puppenstadium schenken uns Augenblicke des Schauens und Staunens. Wenn wir sie beim Besuch der Blumen beobachten, werden wir auch unscheinbare Insekten oder Spinnen entdecken, die alle ihre Rolle im lebendigen Gefüge spielen. Sie erinnern uns daran, dass Leben aus Beziehungen besteht, aus ständiger Entwicklung und Verwandlung.

Der Schwalbenschwanz, einer unserer prächtigsten Schmetterlinge, wächst als Raupe auf Karotten, Dill und anderen Doldenblütlern heran.

Bildung und Schule

Schulen vermitteln vor allem Wissen und Fertigkeiten. Aber nicht nur in Krisenzeiten sind Fantasie und eigenständiges Denken gefragt. Auch dafür ist die Natur eine ideale Lehrmeisterin.

Der Zugang zur Schulbildung ist eine großartige Errungenschaft. Aber sie verkommt immer mehr von der Bildung zur Ausbildung. Eine gute Vorbereitung auf Berufe ist wichtig, aber nicht genug. Ausbildung bringt angepasste Leute hervor, die im herrschenden System funktionieren. Bildung vermittelt jedoch auch Werte und die Fähigkeit, erworbenes Wissen in einen größeren Zusammenhang einzuordnen. Gebildete Menschen entdecken und hinterfragen Unzulänglichkeiten in unserer Gesellschaft, weil sie wissen, dass es auch anders geht. Weil Zeugnisse wenig über die Bildung und nichts über den Charakter verraten, sollten wir sie nicht überbewerten.

Die Ideen von Freiheit, Gleichheit und Solidarität oder der Gleichberechtigung der Geschlechter gingen nicht von den Herrschenden aus, aber auch nicht von den Benachteiligten, sondern von Philosophen, Dichtern und anderen Künstlern. Große Werke der Literatur und bildenden Kunst, der Musik und des Tanzes können uns über den Alltag erheben, Augen und Herz öffnen für Visionen von einer menschlicheren Welt.

Naturnahe Gärten bieten Kindern ideale Möglichkeiten zum Spielen, Bewegen und Beobachten.

Die stiefmütterliche Behandlung musischer und ethischer Fächer in vielen Schulen passt indes zur wertblinden Herrschaft von Geld, Wachstum und Wettbewerb. Diese stößt aber mit ihrem scheinbaren Sieg gleichzeitig an globale Grenzen und ist ein Auslaufmodell. Die sich beschleunigenden Wirtschafts-, Währungs-, Rohstoff- und Umweltkrisen, viele Kriege, Hunger- und Flüchtlingstragödien verdanken wir nicht zuletzt jenen Mitläufern, die allzu lange in Banken, Konzernen und Regierungen reibungslos das etablierte System bedienten. Aber auch jenen, welche der subtilen Indoktrination, dass dies alles in Ordnung oder gar naturgegeben sei, nichts entgegensetzen. Der größte Feind der Freiheit, schrieb Maria Ebner-Eschenbach, ist der zufriedene Sklave.

So wie ein Betrieb seine Produkte und seine Organisation ständig verbessert und den Erfordernissen der Zeit anpasst, um zu bestehen, so muss es auch unsere Gesellschaft tun. Dazu brauchen wir gebildete, kreative Menschen. Querdenker, gewaltfreie Widerständige, die sich auch in

ferne Völker und Generationen hineindenken, beweisen außer Intelligenz und Bildung auch Mut, Charakter und Verantwortungsbewusstsein. Solche Eigenschaften können nur besonders begabte und motivierte Lehrer in jungen Menschen wecken und fördern. Im Allgemeinen sind Schulen damit überfordert, solange sie nur am Fachwissen ihrer Schüler bewertet werden.

Darum ist die sprichwörtliche Kinderstube der wichtigste Ort des Lernens. Liebende Eltern, die sich Zeit für ihre Kinder nehmen, mit Konflikten nicht autoritär, aber souverän umgehen, die bewusst aus der krankmachenden Spirale von Konsum, Karriere und Konkurrenz aussteigen, erziehen alleine durch ihr Vorbild. Kinder sind auch ein wichtiges Argument für ausgiebigen Naturkontakt oder eine naturnahe Gartengestaltung. Was sie spielend und träumend, beobachtend oder experimentierend von der Natur erfahren, kann kein Biologieunterricht ersetzen. Vielleicht das Wichtigste dabei: Sie erleben im Kleinen eine Welt, die der Mensch nicht machen, nur pflegen oder zerstören kann, die aber unsere Zuwendung mit Lebenssinn und Glück belohnt.

Die erblühende Dolde der Wilden Möhre mit einer Grashüpferlarve ist eine von unendlich vielen Entdeckungen in der Natur.

Geflüchtete Blumen

Die Pflanzenwelt der rauen Berge ist eine wunderbare Mischung bodenständiger Sippen mit Zuzüglern aus fernen Erdteilen. Ihre Blütenpracht erzählt uns, dass Flucht und Integration verbreitete Erscheinungen sind.

Die wechselvolle Erdgeschichte hat immer schon Lebewesen zur Flucht oder Wanderschaft veranlasst. Pflanzen können durch die Verbreitung ihrer Samen mit dem Wind und mancherlei Tieren räumliche Entfernungen überwinden. So entwickelten sich verhältnismäßig wenige Pflanzen unserer Alpen vor Ort, zum Beispiel die Alpenglöckchen oder Soldanellen. Die meisten Gattungen sind eingewandert.

Über südlich anschließende Gebirgszüge kamen Arten aus Nordafrika, etwa Krokus, Glockenblume und Wundklee, die Kugelblume oder die Schneeheide. Aus den Steppen und Bergen Zentral- und Ostasiens stammen Edelweiß, Alpenrose, Enzian, Primel und Akelei. Die Eiszeiten ließen zwar manche Arten aussterben, ermöglichten aber anderen, kälteangepassten Arten ihre Ausbreitung in den Tiefländern. Dort trafen sich die Alpenpflanzen mit Flüchtlingen aus dem vergletscherten Skandinavien, Sibirien und sogar Nordamerika. So erreichten diese den Rand der Alpen und wanderten in den folgenden Warmzeiten die Berge aufwärts. Auf diese Weise kam beispielsweise die Silberwurz aus der nordischen Tundra zu uns.

Während sich viele Alpenpflanzen offenbar leicht ausbreiten und auch in anderen Gebirgen oder Kältesteppen zu Hause sind, besiedeln etliche Arten nur ein eng begrenztes Areal. Die Ränder der Alpen beherbergen als eiszeitliche Rückzugsräume besonders viele solche sogenannten Endemiten. Die prächtige Alpen-Nelke beschränkt ihr Areal auf die Berge vom Toten Gebirge bis zum Semmering. Die großen gelben Korbblüten der Kalk-Gamswurz finden wir im Sommer durchaus häufig – jedoch ausschließlich auf wenigen Gipfeln zwischen Ötscher, Schneeberg und Hochlantsch. Die Clusius-Primel konnte sich etwas weiter nach Westen, in die Berge von Berchtesgaden, ausbreiten. Die Zwergalpenrose entfaltet auf Kalkfelsen ihre rosafarbenen Blüten nach der Schneeschmelze immerhin im gesamten Bereich der Ostalpen. Dagegen wächst die Mödlinger Federnelke nur auf wenigen Felsen am

Die Clusius-Primel blüht nach der Schneeschmelze massenhaft auf felsigen Magerrasen, aber weltweit nur in den nordöstlichen Kalkalpen.

Anninger bei Mödling. Entsprechend dem sehr kleinen Gebiet, das endemische Arten bewohnen, bilden sie immer mehr oder weniger gefährdete Minderheiten. Aber sie sind entscheidend für die biologische Besonderheit einer Region.

Jede Pflanzensippe in den Alpen und auch anderswo hat ihre eigene Herkunft und Verbreitung. Viele wurden von den Eiszeiten um die halbe Welt getrieben und besiedeln heute weit zersplitterte Gebiete. Nur wenige sind auch in unseren Bergen entstanden, andere wiederum haben nur hier überlebt und existieren weltweit bloß in den Alpen oder nur auf wenigen Gipfeln. So hat jede Art in der Erdgeschichte ihr eigenes Schicksal – und jede Flora ihre Besonderheit.

Auch in den menschlichen Gesellschaften verdankt jede Kultur ihre jeweiligen Prägungen und Eigenheiten, Sprachen und künstlerischen Leistungen ganz bestimmten Mischungen aus bodenständigen und von außen kommenden Einflüssen. Zwischen Tradition und Kreativität unterliegt sie einer dauernden Entwicklung, um lebendig zu bleiben. Die gegenwärtigen Fluchtbewegungen sind eine tragische Folge von Klimakatastrophen und Kriegen, für die westliche Industrieländer mitverantwortlich sind. Diese Ursachen sind das Problem, nicht die Flüchtlinge. Die sind nur deren Opfer und verdienen solidarische Hilfe.

In unserem Streben nach Sicherheit und Konstanz dürfen wir nicht vergessen, dass Veränderung zum Leben gehört – und Leben ist Lernen.

Die Dunkle Glockenblume, ein anspruchsloser Pionier auf kargen Standorten, wächst nur auf wenigen Bergen zwischen Salzburg und Niederösterreich.

Vielfalt ist Leben

In der Natur ist Vielfalt ebenso notwendig wie in unserer Gesellschaft. Die Wahrnehmung, Erforschung und Bewahrung dieses unermesslichen Schatzes ist eine wichtige und schöne Aufgabe.

Die Förderung der Vielfalt ist ein wesentlicher Motor unserer kulturellen Entwicklung. Dass Frauen und Männer, Einfache und Gebildete, technologisch und spirituell geprägte Menschen nicht nur gleiche Rechte haben, sondern auch einander achten, ihre spezifischen Begabungen erkennen und respektieren, gehört zu den großen Visionen der Menschheit. Wir alle können auf diesem nie endenden Weg in eine friedlichere Zukunft kleine Schritte tun.

Eine noch weit größere Vielfalt umgibt uns in der belebten Natur. Es gibt nichts Komplexeres als das Leben auf unserer Erde. Tausende Pflanzen- und Pilzarten, Millionen Tierarten leben mit- und voneinander in unterschiedlichen Beziehungen und Abhängigkeiten. Wir kennen längst nicht alle Arten, noch weniger durchschauen wir vollständig die ökologischen Systeme, die sie miteinander und mit ihrer unbelebten Umwelt bilden.

Dabei stehen wir nicht außerhalb, sondern mitten drinnen. Jeder Atemzug, jeder Bissen Nahrung verbindet uns mit der Biosphäre, die im Laufe ihrer Entwicklung sauerstoffreiche Luft und fruchtbare Böden hervorgebracht hat und ständig erneuert. Auch sind wir dem weit verzweigten Stammbaum der Evolution entsprossen und mit allen Lebewesen verwandt.

Höhere Säugetiere stehen uns am nächsten. Zu Warmblütern fühlen wir uns stärker hingezogen als zu wechselwarmen Tieren. Besonders junge Katzen, Küken und ähnliche Tierkinder sprechen spontan unsere Beschützer- und Pflegeinstinkte an. Mit Gliederfüßern, etwa Käfern, Heuschrecken oder Spinnen möchte man kaum zärtlichen Kontakt pflegen, sie würden einen solchen ebenso wenig schätzen. Es sind aber vor allem diese kleinen Tiere, welche einen Lebensraum besiedeln und beeinflussen. Ihre Artenzahl übertrifft jene der Wirbeltiere um ein Vielfaches.

Schon in einem kleinen Naturgarten können wir die artenreichste Organismengruppe, die Insekten, gut beobachten. Diese im Naturhaushalt unentbehrlichen Tiere verdienen ebenso unsere Bewunderung und Rücksicht wie Säuger

Naturkontakte sind in jedem Alter ein Schlüssel zu frohen Erlebnissen und ebenso zum Verständnis der Welt.

oder Vögel. Mit ihrem panzerartigen Außenskelett muten sie uns fremd oder gar unheimlich an. Ihre höchst unterschiedlichen Ernährungs-, Entwicklungs- und Lebensweisen gewähren aber faszinierende Einblicke in den Erfindungsreichtum der Evolution. Sobald wir verstehen, von welch genialer Zweckmäßigkeit ihre manchmal zunächst skurril erscheinenden Gestalten sind, empfinden wir sie auch als schön.

Wer sich eingehender mit bestimmten Gruppen von Lebewesen beschäftigt, wird leicht als verschroben belächelt. Die oft unbezahlte Arbeit solcher Fachleute sollten wir respektieren und würdigen. Denn ihr Wissen hilft, den Wert so manchen Lebensraumes zu beurteilen, seine Gefährdung zu erkennen und etwas zu seiner Erhaltung beizutragen.

Die Bewahrung der Lebensvielfalt ist einer der wichtigsten Schlüssel zur Sicherung unserer Existenz. Denn wir sind nun einmal in die vielschichtigen Zusammenhänge der Natur eingebunden, als Einzelne und als Gesellschaft. Die Kenntnis einzelner Arten und ihrer Lebensweisen ist wie das Erlernen von Schriftzeichen, mit denen wir im Buch des Lebens lesen und unser eigenes Dasein besser verstehen.

Mit Übung, Aufmerksamkeit und Glück entdeckt man in der unerschöpflichen Natur immer Neues, wie diese Riesenschnake.

Natur erleben

Die Begegnung mit der Schöpfung weitet den Horizont und bewahrt uns vor Überheblichkeit. Wer sich der Natur mit staunender Neugier nähert, wird mehr erleben als jener, der in ihr bloß Abenteuer und Sport sucht.

Damit auch spätere Generationen naturnahe Landschaften wie das mittlere Kamptal erleben können, müssen wir diese heute vor kurzsichtigen Begehrlichkeiten schützen.

In unserer künstlichen Alltagswelt wächst die Sehnsucht nach Natur. Großartige Bücher und Filme zeigen uns ihre Wunder, aber aus eigener Anschauung erleben wir sie immer seltener. Die Urbanzivilisation entfernt uns von ihr – räumlich und emotional.

Viele Menschen müssen erst lernen, sie wahrzunehmen. Denn sie hat einen völlig anderen Rhythmus als ein Film. Während Medien zeitgeistig vollgepackt sind mit Information und Sensation, muss man diese der Natur erst abringen. Es bedarf einer gehörigen Portion Aufmerksamkeit, Ausdauer und Glück, um eine seltene Blume zu finden, einen Singvogel beim Füttern seiner Brut zu belauschen oder einer Spinne beim Weben ihres Netzes zuzuschauen. Dabei schärfen wir nicht nur die Sinne, sondern lernen auch, uns unauffällig zu verhalten. Wir vermeiden Lärm und leuchtende Farben oder warten in einem Versteck.

Der Lohn dafür ist vor allem die große, machtvolle Ruhe der Natur, die sich auf uns überträgt. Von ihren schnellen Aktivitäten, gar von den in atemberaubenden Fotos festgehaltenen Dramen entdecken wir nur wenige. Sie sind eingebettet in die langsamen Veränderungen der ziehenden Wolken, der wandernden Sonne, des jahreszeitlichen Werdens und Vergehens. Wer sich auf die Schwingungen der Natur einlässt, kann viel von der ungesunden Hektik unserer Konsum- und Leistungsgesellschaft hinter sich lassen. Dem darin Ungeübten geben gute Exkursionsleiter und Naturvermittler neben ihrem Wissen auch etwas von ihrer inneren Haltung mit, von ihrer Achtsamkeit, von der wohltuenden Einstimmung in den Atem der Natur.

Manche touristischen Angebote von „Fun“ und „Action“ bedienen die Sehnsucht nach dem Abenteuer in wilden Bergen und Flüssen, schaden aber dem Verständnis von Natur ebenso wie der Natur selbst. Schwere Geländefahrzeuge und andere Aufstiegshilfen ermöglichen zahlenden Kunden, weniger ihre Kraft, ihr Können oder ihren Mut zu beweisen als ihr Vertrauen in die

Technik. Wo Straßen und Liftanlagen zu viele werden, nehmen sie Regionen ihre Schönheit und Eigenart. Die Ruhe der Berge, die Einsamkeit rauschender Wildwasser weicht schnell hektischer Betriebsamkeit. Für dieses als Naturerlebnis verkaufte Geschäft werden Lebensräume zum Sportgelände degradiert und empfindliche Lebewesen aus ihnen vertrieben.

Naturgewalten kennenzulernen ist eine ebenso wichtige Erfahrung, wie Grenzen unserer körperlichen und psychischen Leistungsfähigkeit auszuloten. Dazu trägt aber eine sensible Berührung mit der Natur durch einen sanften Tourismus weit mehr bei als Sport in einem nur für diesen Zweck hergerichteten Gelände. Seriösen Berg- und Wassersportvereinen ist der Respekt vor dem Eigenwert der Natur ein zentrales Anliegen.

Wenn wir mit einfacher Ausrüstung, aber wachem Geist und Sinn durch die Natur gehen, können wir auch manches erleben, was wir weder kennen noch erwarten. Das ist oft viel spannender. Ob wir der Natur im Flachland oder auf Bergen begegnen, uns anstrengen oder beschaulich genießen: Die Größe und Schönheit der Umgebung bewegt auch etwas in uns selbst.

Erst der Morgentau macht das kunstvolle Baldachinnetz sichtbar.

Was ist schön?

Schönheit entsteht ja auch im Auge des liebenden Betrachters. Und weil jeder von uns andere Dinge liebt, kann man darüber nicht streiten. Dennoch sollten wir auch dabei stets das Ganze sehen.

Das kleinteilige Mosaik verschiedenster Feldfrüchte, Wiesen und Gehölze macht den Reiz dieser Landschaft bei St. Oswald im Waldviertel aus.

Die Natur ist noch weit schwerer zu durchschauen als die menschliche Gesellschaft. Wir können sie nur ansatzweise verstehen. Immerhin wissen wir, dass wir sie brauchen, dass ihre Vielfalt zu unseren Lebensgrundlagen gehört, dass wir sie schonend und respektvoll nutzen sollen. Die Schönheit der Natur, die uns gerade im Frühling entgegenleuchtet, -blüht, -singt und -duftet, berührt jeden Menschen. Mit allen Sinnen saugen wir sie ein, und sie wird zur köstlichen Nahrung für Geist und Gemüt.

Schönheit macht uns dankbar und demütig, vermag Neugier und Forschergeist zu wecken. Wer sie allerdings mehr durch Medien konsumiert als in der Wirklichkeit erlebt, kann verzerrte Naturbeziehungen und falsche Naturbilder entwickeln. Beliebt ist zum Beispiel die kuschelweiche Natur voller Bambis, putziger Igel und anderer Sympathieträger. Wer solche geistige Babykost weniger mag, wird mit aktionistischen Naturdarstellungen bedient, wo das Leben vor allem aus Verfolgung, Flucht und Gefahr zu bestehen scheint.

Auch einseitige Nutzungen der Natur können den Blick auf sie verengen. Beispielsweise beklagen Fischereivertreter, dass bei den meisten Menschen das Mitgefühl für leidende Tiere an der Wasseroberfläche ende, und merken nicht, dass ihre eigene Rangordnung von Nutzfischen gegenüber „Fischräubern", deren Tötung sie fordern, genauso ungerecht und oberflächlich ist. Auch etliche Jäger träumen noch immer von Revieren, in denen „Raubwild" oder „Raubzeug" nichts zu suchen hat. Mancher Bauer findet eine ausgeräumte Agrarsteppe schön. Und aus Forstkreisen kann man gar hören, erst die Bewirtschaftung mache einen Wald schützenswert. Dabei glauben alle, die Natur zu lieben und am besten zu kennen.

Die Wirklichkeit ist weit mehr als verkitschte Lieblichkeit oder harter Lebenskampf. Die Natur besteht auch nicht aus ein paar Pflanzen und Tieren, die wir in nützliche und schädliche Arten einteilen, sondern aus einem Beziehungsgeflecht unterschiedlichster Lebewesen. Da gibt es neben Jagen und Fressen auch Zusammenarbeit

und Symbiose, Anpassung und Regulation oder die Verwertung abgestorbenen Materials und seine Rückführung in einen perfekten Stoffkreislauf.

Wer die Natur aufmerksam und unvoreingenommen beobachtet, merkt bald, wie leise, langsam und verborgen die meisten ihrer Aktivitäten ablaufen. Sie strahlt machtvolle Ruhe aus, die unsere Seele erhebt und beruhigt – und ist dennoch von wimmelndem Leben erfüllt. Jeder Lebensraum, selbst ein kleiner Naturgarten, beherbergt eine kaum überschaubare Welt von Pflanzen und noch mehr Tierarten. Die meisten von ihnen sind klein oder haben eine versteckte Lebensweise. Zu Unrecht gelten sie als unattraktiv. Ihre Schönheit erschließt sich erst dem verstehenden Betrachter.

Lebensvielfalt gehört zu unseren wichtigsten Ressourcen, denn sie stabilisiert jede Lebensgemeinschaft. Die Wahrnehmung ihrer ebenso vielfältigen Schönheit schärft unseren Sinn für die Wirklichkeit und macht uns glücklich, wenn wir erkennen, dass wir dazugehören und ein verantwortlicher Teil von ihr sind.

Auch Details, wie diese in einer Irisblüte lauernde Krabbenspinne, führen uns Wunder des Lebens vor Augen.

Geld und Wert

Zum Leben brauchen wir auch das nötige Geld. Die Jagd nach ihm kann allerdings zur zerstörerischen Sucht werden. Glücklich lebt, wer den Unterschied von Geld und Wert im Auge behält.

Vor der Gier warnen alle Religionen. In unserer angeblich aufgeklärten Gesellschaft scheint sie dagegen salonfähig geworden zu sein. Sie wird gar als Motor der Wirtschaft gelobt, welche, wie von allen Seiten verkündet wird, nur durch steigenden Verbrauch gesund bleibt. Die Folge ist ein unersättlicher Hunger nach Energie und Rohstoffen, der unseren Planeten plündert. Schon heute gefährdet er den Frieden in der Welt, denn bei den meisten Kriegen geht es im Grunde um den Zugang zu Ressourcen. Der Kapitalismus zehrt zunehmend an den Lebensgrundlagen der nachkommenden Generationen.

Krisen von Banken und ganzen Ländern zeigen die Brüchigkeit einer Finanzwelt, die sich immer mehr demokratischen Kontrollen entzieht und eigenen, von Ethik wenig getrübten Gesetzen folgt. Die unvorstellbar teuren Rettungsaktionen durch Staaten und Staatengemeinschaften illustrieren aber auch, wie abhängig wir von ihr sind.

Dennoch sind wir nicht nur Gefangene eines Systems wie der Hamster im Rad. Bei jeder Kaufentscheidung, bei jeder Wahl von Arbeit, Beruf und Freizeitbeschäftigung gestalten wir die Welt mit. Initiativen für Menschen- und Umweltschutz hinterfragen die Monokultur des Gewinnstrebens und legen seine verheerenden Auswirkungen offen. Sobald wir nach dem Sinn unseres Lebens fragen, haben wir bereits den wichtigsten Schritt getan. Denn damit gewinnen wir Distanz, überlegen Folgen unseres Tuns und merken, dass die äußere und unsere innere Welt nicht zu trennen sind.

Wann war ich besonders glücklich, wann fühlte ich mich im Gleichgewicht mit mir und der Welt? Am ehesten wohl in Augenblicken liebevoller Zuwendung zu Menschen oder anderen Lebewesen, im Erleben überragender Kunstwerke oder in der Begegnung mit der Natur.

Ich finde nach einer Wanderung einen guten Platz zum Ausruhen. An einen starken Stamm gelehnt, gesättigt von herrlichen Bildern, wohltönenden Geräuschen und süßen Düften eines Frühlingstages, erwarte ich den Abend. Golden versinkt der Sonnenball im wolkengesäumten

Ein Abendhimmel über einer lebendigen Landschaft wie dem Wienerwald kann uns mehr Glück und Dankbarkeit schenken als alles Geld.

Horizont. In der tiefer werdenden Dämmerung lenken immer mehr Sterne meinen Blick in die Weiten des Universums, während ganz in der Nähe das letzte Lied der Drossel im zärtlich zirpenden Chor der Grillen verklingt. Alles hängt zusammen – der unermessliche Kosmos und unsere kleine Erde, die Stimmen der Tiere in meiner Nachbarschaft und meine liebende Seele.

Solche Stunden bewussten Wahrnehmens der Größe und Schönheit dieser Welt erfüllen mich mit staunender Dankbarkeit. Jeden Tag, den ich als kleiner Teil dieser wunderbaren Ganzheit erleben darf, begrüße ich als Geschenk. Die Verbundenheit mit der Natur oder mit Menschen, die ähnlich empfinden, gehört zu den größten Reichtümern. Mit Geld haben sie aber nichts zu tun. Gesundheit, Glück und Lebenssinn lassen sich nicht kaufen. Viel mehr können wir davon gewinnen, wenn wir zu uns selbst finden, indem wir uns einmal vergessen, weil uns etwas Wertvolles erhebt und begeistert. Geld ist ein praktisches Tauschmittel, aber kein Wert. Wer es so nüchtern sehen und danach handeln kann, findet leichter den Weg zu einem guten Leben – für sich, seine Mitwelt und unsere Nachwelt.

Feldgrillen lassen sich selten blicken. Umso mehr hören wir an lauen Frühlingsabenden das Zirpen, wenn Männchen vor ihrer Wohnröhre nach Weibchen rufen.

Dem Mutigen gehört die Welt

Mut und Leichtsinn sind manchmal schwer zu unterscheiden. Ebenso begründete Angst und unreflektierte Ängstlichkeit. Beide Grenzen sind aber wichtig, sie scheiden auch die Klugheit von der Dummheit.

Jedem wird ein gesunder Lebensmut mitgegeben. Mutig wagen wir die ersten Schritte, klettern auf Bäume, stellen uns Prüfungen und wählen Partner. Weil vieles auch schiefgehen kann, streben wir gleichzeitig nach Sicherheit. Zum Leben gehört aber, dass es lebensgefährlich ist. Wer nur auf Risikovermeidung aus ist, versäumt es. Solche Menschen leben vielleicht etwas sicherer, dafür aber langweiliger.

Das Leben bringt immer neue Aufgaben und Gefahren. Nur durch beherztes Annehmen lernen wir, mit ihnen umzugehen. Dass wir in vernünftigen Grenzen manches wagen, fördert nicht nur unsere Gesundheit, Geschicklichkeit und Persönlichkeitsentwicklung. Es ist auch notwendig für die Gestaltung unserer Gesellschaft und Umwelt.

Während zum Beispiel überbesorgte Eltern aus Angst vor Bienen ihre Kinder nicht barfuß laufen lassen oder gar Blumen aus dem Rasen verbannen, erklären vernünftige Erzieher ihren Kleinen die Welt der Blüten und Insekten, warnen vor stechenden Tieren und giftigen Pflanzen und leben vor, dass Respekt oft besser ist als blindwütige Bekämpfung. Sie lassen Kinder springen, klettern und schaukeln, vertrauen ihrem Schutzengel und wissen, dass jeder Mensch außer Ratschlägen auch eigene Erfahrungen braucht. Wer dazu in der Jugend zu wenig Gelegenheit hatte, sucht das Risiko in weitaus gefährlicherer Motorradraserei oder anderen spätpubertären Aktivitäten.

Dabei benötigt unsere Gesellschaft nichts dringender als Menschen mit Mut. Wem imponieren nicht die gewagten Aktionen von Greenpeace, welche so manche Umweltsünder medienwirksam an den Pranger stellen. Oder die heldenhaften Einsätze humanitärer Organisationen in Krisengebieten. Mut erfordert aber auch schon das Einfordern von mehr Weitblick und Achtung gegenüber Menschen oder Lebensräumen bei Medien, Behörden und Politikern. Sogar mancher naturnahe Garten braucht eine mutige Rechtfertigung gegenüber unverständigen

Gefahren, aber auch eigene Fähigkeiten richtig einzuschätzen, erfordert ständige Übung und hält uns lebendig.

Nachbarn, die sich vor Samen, Spinnen oder Heuschrecken fürchten.

Wer sich dem auf schnellen Gewinn fixierten System nur anpasst und vor seinen zerstörerischen Folgen die Augen verschließt, macht sich mitschuldig am dümmsten und gefährlichsten kollektiven Leichtsinn der Weltgeschichte. Wo sich dagegen aufmerksame Menschen mutig in ihre Angelegenheiten einmischen, kann das nötige politische Gegengewicht entstehen. Bürgerinitiativen, Umwelt- und Menschenrechtsverbände, lokale und weltweite Netzwerke haben schon manches Schlimme verhindert und Gute bewirkt. Dank einiger engagierter, selbständig denkender Menschen organisiert sich immer deutlicher eine zivilgesellschaftliche Bewegung, die für eine lebendige Demokratie ebenso unentbehrlich ist wie für die Erhaltung einer lebenswerten Welt.

Das Schöne dabei: Wir können uns je nach Interesse, Zeit und Begabung selber einbringen. Jede Unterstützung guter Aktionen, vom Unterzeichnen von Petitionen über Spenden bis zur aktiven Mitarbeit, ist nicht nur ein Beitrag zum Gemeinwohl, sondern auch für den Sinn unseres Lebens. Ein Gang durch die freie Natur kann auch den Kopf frei machen für Werte, auf die es ankommt.

Manchmal braucht es auch Mut, einen naturfreundlichen Garten vor unverständigen Nachbarn zu rechtfertigen.

Wachstum und Reife

Die Sonnenwende Ende Juni markiert den Übergang vom Wachsen zum Reifen. Das Beenden einer Wachstumsphase ist uns von der Natur und jedem Menschenleben vertraut. Als Ziel unserer Gesellschaft ist es noch neu, aber hoch an der Zeit.

Der Frühsommer schenkt uns die längsten Tage, das meiste Licht. Alle in den vergangenen Wochen entfalteten grünen Blätter fangen die Sonnenstrahlung – den Antrieb allen Lebens – ein. Sie speichern die Energie in organischen Verbindungen und ermöglichen so das Wachstum der Pflanzen. Die sind wieder direkt oder indirekt die Nahrung von Tier und Mensch. Deswegen wachsen in dieser Zeit der höchsten Pflanzenproduktion die meisten Jungtiere heran. Das zarte Blattwerk ernährt das Wild ebenso reichlich wie Raupen und andere Insekten, von denen wieder viele Vögel, Spinnen und andere Jäger leben. Selbst in einem kleinen Naturgarten entdecken wir jetzt Nester von Schmetterlingslarven oder Vogelkinderstuben in Sträuchern und Nisthöhlen. Die Natur ist erfüllt von wachsendem Leben.

Nach der Verwandlung von der Kaulquappe zum Grasfrosch wächst der Lurch weiter, bis er mit einer Länge von etwa 7 cm erwachsen ist.

Aber dann werden die Tiere erwachsen und auch die Pflanzen stellen ihr Wachstum ein. Sobald die Tageslänge ihr Maximum überschreitet, hören Gehölze zu treiben auf, verholzen und bilden Knospen. Ähnlich sensibel reagieren Kräuter, indem sie ihr Wachstum zugunsten der Entwicklung von Blüten, Früchten oder Speicherorganen zurücknehmen.

Jetzt schlüpfen viele Käfer und Schmetterlinge aus ihren Puppen, Vögel fliegen aus und Jungfrösche verlassen ihr Gewässer. Nach der Rosenzeit kommt nicht die Rabenzeit, sondern wunderbare Monate des Reifens und Erntens. Erst später folgen auch einmal Ruhe und Verfall. Überall beobachten wir eine harmonische Begrenzung des Wachstums, den sanften Übergang von ungestümer Massenentwicklung zu qualitätsvoller Festigkeit. Selbst Bäume, die größten und langlebigsten Organismen, wachsen nicht in den Himmel.

Das Wachstum von Nahrungspflanzen oder Haustieren sichert auch die Ernährung der Menschen und das Gedeihen unserer Kinder. Verständlich, dass wir darin ein Symbol für Hoffnung und Fortschritt sehen, zumal wir dieses Gedeihen oft fürsorglich begleiten. Ohne

Begrenzung würde es aber zu einer tödlichen Krise führen. Jedes Lebewesen bremst ganz von selbst seinen Zuwachs, sobald es erwachsen ist. Auch Lebensgemeinschaften wie Wälder und Wiesen überschreiten nicht bestimmte Mengen an Biomasse.

Dieses Maßhalten der Natur wäre auch für unsere Gesellschaft ein lebensnotwendiges Vorbild. Weitblickende Ökonomen fordern den Übergang vom Wachstum zum Gleichgewicht. Dass fortgesetztes Wachsen in einem begrenzten Raum nicht möglich ist, können selbst Kinder begreifen. Nur die Politik scheint diese Selbstverständlichkeit beharrlich zu vergessen.

Man wünschte sich beherztere Anstrengungen für einen Umbau der Wirtschaft, indem der Raubbau eingedämmt und durch zukunftsorientierte Verantwortung ersetzt wird. Freilich bedarf es dazu auch einer wirksamen Transparenz und einer demokratischen Kontrolle der Machtstrukturen. Langfristig müssen wir den gegenwärtigen Kampf um letzte Reserven unseres Planeten beenden und unser Wirtschaften vom krankhaft gewordenen Wachstum auf das Ziel eines nachhaltigen Reifezustands ausrichten. Je früher wir damit beginnen, desto eher kann es noch gelingen.

Wenn die jungen Stare ihre Nisthöhle verlassen, haben sie beinahe ihre endgültige Größe erreicht und sind bald selbständig.

Die munteren Heuschrecken

Heuschrecken gehören zum Tierleben sommerlicher Wiesen und Gärten. Bis in den Herbst können wir ihren feinen Gesang belauschen. Wie die kleinen Sprungkünstler selbst uns empfinden mögen, bleibt ein reizvolles Rätsel.

Die Sägeschrecke ist unsere größte, aber seltenste Heuschrecke, die nur in wenigen Trockenrasen Ostösterreichs vorkommt.

Freuen wir uns mit diesen schönen und leicht zu beobachtenden Sonnenkindern bis in die letzten warmen Tage des Sommers. Denn mit dem Einsetzen der Frostperiode sind ihre Tage gezählt. Heuschrecken überwintern nur als Ei.

Meistens bemerken wir diese Insekten erst, wenn sie vor uns aufspringen. Aber besonders an lauen Abenden sind sie nicht zu überhören, ihr zirpender Gesang gehört zur Geräuschkulisse sommerlicher Gärten und Fluren. Sie geigen, indem sie fein gezähnte Leisten an Flügeln oder Hinterbeinen gegeneinander streichen. Die Gehörorgane mit einem Trommelfell befinden sich bei den Langfühler- oder Laubheuschrecken an den Vorderbeinen, bei den Kurzfühler- oder Feldheuschrecken am Hinterleib.

Es hat einen großen Reiz, einmal ganz ruhig in einer Wiese zu liegen und die Tiere allmählich herankommen zu sehen. Da merke ich auf einmal, dass auch ich beobachtet werde. Immer mehr Augen entdecke ich, die von Blättern und Stängeln aus unbeweglich auf mich gerichtet sind. Welche Gefühle und Reaktionen löst meine Anwesenheit im vergleichsweise einfachen Nervensystem dieser Insekten aus? Ich möchte sie von meiner Ungefährlichkeit, von meiner Sympathie überzeugen, aber die Sprachbarriere ist unüberwindbar. Es bleibt mir nur, die Tiere mit einem möglichst stillen, unauffälligen Verhalten von meiner Harmlosigkeit zu überzeugen.

Auch wenn ein solcher Dialog recht einseitig geführt wird, die gegenseitige respektvolle Wahrnehmung auf gleicher Augenhöhe lässt uns zu Partnern werden. Sie entzücken uns durch ihre elegante Gestalt und sinnfällige Daseinsfreude. Und wir können zwar nicht ihr subjektives Empfinden, aber ihre Lebensweise und ihre Bedürfnisse erforschen.

Manche Arten sind reine Pflanzenköstler, Laubheuschrecken jagen auch kleine Tiere. Bezüglich Bodenfeuchtigkeit, Kleinklima und Pflanzenkleid haben die Arten recht unterschiedliche Ansprüche. Von Feuchtwiesen bis zu Trockenrasen, von Buschland bis zu Schotterfluren an

Wildflüssen hat jeder Lebensraum seine typische Heuschreckenfauna. Von den knapp hundert heimischen Arten sind zwei Drittel leider in ihrem Bestand gefährdet, hauptsächlich infolge der Zerstörung ihrer Lebensräume.

Auch die gewöhnlichsten Heuhüpfer brauchen Wiesen, Stauden oder Büsche, während intensiv gedüngte Futterwiesen und Rasen kein geeigneter Lebensraum für sie sind. Dort lassen ihnen – vor allem im Larvenstadium, in dem sie noch nicht springen oder fliegen können – Mähwerke und Agrochemikalien kaum eine Chance.

So weisen uns auch die hübschen Heuschrecken darauf hin, wie wichtig eine naturnahe Pflege der Kulturlandschaft ist. Schon ein Wegrand oder ein Garten kann mit einer naturfreundlichen Gestaltung eine blumenreiche Oase für Heuschrecken und viele andere willkommene Kleintiere werden.

Magerwiesen sind der Lebensraum der meisten Heuschrecken, während die Intensivierung mit ihren häufigen Schnitten zum Artenschwund führt.

Aus dem Leben der Spinnen

Taubeschwerte Spinngewebe glänzen im frühherbstlichen Morgen an Halmen und Zweigen. Wir bewundern die Schönheit und Eleganz dieser hauchzarten Bauwerke. Vor ihren Erbauern aber ekelt vielen Menschen. Dabei schenken sie uns den Altweibersommer.

Alle Spinnen sind Jäger und töten mit ihren Giftklauen. Aber keine heimische Art ist für Menschen gefährlich. Sie beißen auch nur in äußerster Notwehr, wenn sie sich bedrängt fühlen und nicht fliehen können. Wer sie respektvoll und vorurteilsfrei beobachtet, muss sie bewundern, wie sie leben und weben.

So vielfältig wie das Aussehen dieser achtbeinigen Gliederfüßler sind ihre Jagdtechniken. Wolfs- und Raubspinnen etwa lauern in einem Versteck, Krabbenspinnen meistens auf Blüten. Sackspinnen nähern sich in der Dunkelheit ihrer Beute. Am verbreitetsten sind aber die Fallen bauenden Arten, die wir anhand ihrer spezifischen Bauweisen einteilen können. Haubennetze und Baldachinnetze, mit einer Wohnröhre ausgestattete Trichternetze und besonders Radnetze verblüffen durch ihre Ästhetik ebenso wie durch ihren geringen Materialaufwand.

Der Spinnfaden, ein seidenähnlicher Eiweißstoff, entsteht in Drüsen am Hinterleibsende und kann nach Bedarf elastisch oder starr, trocken oder klebrig, dünner oder dicker hergestellt werden. Er ist weniger als 0,01 mm stark, hat aber die Zugfestigkeit von Stahl. Weil er wegen seiner Zartheit nur Zugkräfte aufnehmen, aber keiner Druck- und Biegebeanspruchung ausgesetzt werden kann, sind alle Netze Hängekonstruktionen, die an Halmen und Zweigen befestigt und ausgespannt werden.

Deshalb bieten ausgeräumte Fluren oder Gärten keine Möglichkeiten zu ihrem Bau, während Stauden, die nach ihrer Blüte stehen bleiben, von den fleißigen Weberinnen und Webern mit vielen Netzen ausgestattet werden. Nicht nur wegen ihrer Schönheit freuen sich Gärtner, Bauern oder Forstleute an ihnen. Spinnen sind auch ein wichtiger Teil der natürlichen Regulation von Insekten. Sie helfen mit, dass kleine Pflanzenfresser oder Stechmücken zu keiner Plage werden.

Was Spinnen zusätzlich für uns sympathischer werden lässt, ist ihre Brutfürsorge. Die Weibchen von Wolfs- und Jagdspinnen

Radnetze, wie sie die Kreuzspinnen ausspannen, gehören als materialsparende Hängekonstruktionen zu den faszinierendsten tierischen Bauwerken.

beispielsweise bergen ihre Eier in einem Kokon, den sie wochenlang am Hinterleib mittragen, an kühlen Morgen in die Sonne, bei Hitze oder Kälte in ein geschütztes Versteck bringen. Sobald die Jungspinnen ihren Kokon verlassen, klettern sie auf Mutters Rücken und werden als Traube von bis zu hundert Kindern eine weitere Woche mitgetragen, bis sie ihr selbständiges Leben beginnen.

Die Jungtiere vieler Spinnenarten suchen einen neuen Lebensraum, indem sie bei günstigem Wetter von einer erhöhten Stelle aus einen langen Faden in die aufsteigende Warmluft spinnen, der sie schließlich davonträgt. Obwohl sie durch Verkürzen ihres einfachen Luftschiffs landen können, segeln sie wie ausgestreute Samen einem ungewissen Ziel entgegen. Spinnen sind schließlich eine wichtige Nahrung für Singvögel und viele andere Tiere. Altweibersommer nennt man diese feinen Silberfäden, die an das Haar alter Frauen erinnern. Sie veranschaulichen uns in den letzten milden Tagen des Jahres, dass jedes Leben gleichzeitig Geschenk und Wagnis ist.

In den letzten warmen Tagen begeben sich Jungspinnen mit den Fäden des Altweibersommers auf eine ungewisse Flugreise.

Herbstfarben

Vor dem Winter spielt die Natur mit Farben wie ein Kind oder Künstler. Ganz ohne erkennbaren biologischen, der Arterhaltung dienenden Zweck erfreuen uns bunte Blätterkleider, bevor sie abgelegt werden, und regen unsere Fantasie an.

Wir Menschen empfinden die Pracht der Herbstfarben wie ein Fest der Natur zum Abschied von einem erfüllten Sommer und zur Einstimmung auf die unwirtliche Winterszeit. Tatsächlich gehört die Verfärbung der Blätter zu den Vorbereitungen der Pflanzen auf die Frost- und Ruheperiode.

Kräuter und laubwerfende Gehölze haben im Gegensatz zu immergrünen Gewächsen Methoden entwickelt, in lebensfeindlichen Jahreszeiten den Einwirkungen von Trockenheit und Frost, Sturm und Schneelasten auszuweichen. Einjährige Pflanzen überdauern als winzige Samen. Stauden ziehen sich auf oder in den Boden zurück. Sträucher und Bäume warten als schlanke Skelette mit kleinen Knospen auf den Frühling. Bevor sie sich von ihren Blättern trennen, entziehen ihnen viele Arten wertvolle Stoffe und lagern sie im Holz oder in Zwiebeln, Knollen und anderen unterirdischen Depots bis zum nächsten Austrieb ein. Vor allem ist es das Blattgrün, das für das Pflanzenleben wesentliche Chlorophyll, welches zerlegt und gespeichert wird.

Wenn im Oktober das Grün aus den Blättern verschwindet, erscheinen manchmal Farben, die vorher sozusagen übermalt waren. Im Garten schmückt sich die Akelei mit blauvioletten Blättern, jene des Storchschnabels werden oft dunkelrot. Funkien rollen ihre großen gerippten Blattflächen zu goldenen Spiralen und Wellen, bevor sie fahl und welk zu Boden sinken. Auch bei Sträuchern und Bäumen herrschen warme Farben vor. In Rottönen leuchten Kirschbäume, Hartriegel und Pfaffenkäppchen, Espe und Spitzahorn. Gelb verfärben sich Birke, Berg- und Feldahorn, Hainbuche und Linde sowie Buche und Eiche, unsere verbreitetsten Laubbäume in Wäldern. Bewohner nährstoffreicher Standorte verzichten offenbar auf die Rückgewinnung des Chlorophylls. So behalten Weiden, Erlen oder Eschen ihre grüne Farbe bis zum Laubwurf, viele Kräuter bis zum Verdorren.

Einzelne Sträucher und Bäume, aber auch bewaldete Hänge und Berge kleiden sich in ein Gewand von warmem Gold, an dem wir bei

Rotgoldene Buchen und gelbe Birken wirken wie festlicher Schmuck zum Abschied vom Sommer.

nassem Wetter wie bei Sonnenschein immer neue Schönheiten entdecken. Nur wenige Wochen währt die Pracht, ein starker Nachtfrost oder ein Sturm kann sie noch früher beenden. Dann lösen sich die Blätter von den Zweigen, schweben sacht zu Boden oder jagen tanzend im Wirbelwind davon. Bald schwinden aus ihnen die Farben, noch am Baum oder auf dem Boden wird das Laub dürr und hellbraun. In der feuchten Streuschicht wird es von kaum sichtbaren Pilzfäden durchwachsen, von Bakterien besiedelt, von Regenwürmern und kleinen Tieren verdaut und allmählich in Humus verwandelt. Wie alles in der Natur unterliegt es dem Kreislauf von Werden und Vergehen.

Bleibt die Frage, welchem Zweck der so aufwändig erscheinende Schmuck dienen kann. Erst der Abbau des Blattgrüns, dieser einzigartigen, für den organischen Stoffaufbau unentbehrlichen Substanz, bringt vorher überdeckte Farbstoffe in den Blättern zum Leuchten. Diese Farben lassen jedoch keinen arterhaltenden Wert erkennen, sondern sind offenbar zufällig entstandene Nebenprodukte, die der Pflanze zumindest nicht schaden.

Die Natur plant nicht nur wie ein Ingenieur, sie spielt auch wie ein Künstler. Sie kann verschwenderisch und dennoch effizient sein. Ihr unfassbarer Reichtum an Formen und Farben, die sich alle im Leben bewähren, entzückt uns und beflügelt auch unsere Fantasie.

Auf diesem abgefallenen Eichenblatt ist ein Rest Chlorophyll erhalten geblieben.

Fruchtbare Strategie

In der Natur ist es ein bisschen wie in unserer Gesellschaft: Die besten, erfolgreichsten und schönsten Beziehungen beginnen nicht mit Gewinnabsichten, sondern mit großzügigen Geschenken.

Wenn der Sommer zu Ende geht, warten pralle Äpfel und saftige Birnen darauf, gepflückt zu werden. Wir schütteln süße Zwetschken von den Bäumen und sammeln nahrhafte Nüsse auf. Mit der Lese edler Trauben beginnt die kunstvolle Herstellung des Weins. Auch im Wald reifen nährstoffreiche Samen, die über viele Monate verschiedenste Tiere satt machen. Die schweren Eicheln und Bucheckern fallen auf den Boden, Ahorn- und Lindensamen lassen sich mit ihren Flügeln vom Herbststurm forttragen. Hainbuchensamen und Fichtenzapfen hängen noch lange am Baum. Alle werden geerntet, von Vögeln, Nagetieren oder Wildschweinen. Reife Früchte sind Lohn der Arbeit, Geschenk der Natur – und noch etwas mehr.

Wir betrachten zu Recht solchen Segen von der Warte des genießenden Konsumenten. Aber auch diese Medaille hat zwei Seiten, denn ebenso werden Tiere und Menschen von den Bäumen zu ihrem Vorteil benutzt. Sind nahrhafte Früchte nicht im Grunde raffinierte Köder, mit denen die sesshaften Pflanzen bewegliche Lebewesen anlocken, damit sie ihre Samen mit auf ihre Reise nehmen? Vögel verschleppen sie über weite Distanzen, Mäuse tragen sie in ihren Bau, Häher und Eichhörnchen vergraben sie regelrecht in neuen Keimbetten. Manche Samen überleben sogar die Verdauung und werden weit entfernt ausgeschieden. Auf diese Weise transportieren Drosseln die Samen der Mistel auf andere hohe Bäume.

So wie die Apfelbäume locken viele Pflanzen mit leckeren Früchten, damit Tiere und Menschen sie verbreiten.

Wir Menschen vermehren, pflegen und schützen außerdem die sogenannten Nutzpflanzen und erhöhen ihre Vielfalt durch die Züchtung unterschiedlicher Sorten. Für diese Arten sind wir die nützlichsten Helfer, denn unsere Arbeit trägt wesentlich zu ihrer Ausbreitung, zu ihrem Erfolg im Netzwerk des Lebens bei. Wer manipuliert da wen?

Die Evolution wird gerne als Wettbewerb von Egoisten dargestellt, als Kampf, bei dem sich der Stärkste oder Schlaueste durchsetzt und fortpflanzt. Wenn wir sie auch als ein großes

Spiel betrachten, kommen wir vermutlich der Wirklichkeit näher. Die Entwicklung und immer neue Anpassung der Arten vollzieht sich im Wechselspiel von Versuch und Irrtum, von Geben und Nehmen. Auch die „Erfindung" süßer Früchte begann in der Geschichte des Lebens einst als Mutation, zufällig und absichtslos. Als Tiere diese Geschenke entdeckten, wurden sie satt, kamen wieder und förderten ebenso unabsichtlich die Ausbreitung der nahrhaften Pflanzen.

Nur ein sehr kleiner Teil des reichlichen Früchtesegens wird zu jungen Pflanzen auskeimen. Das meiste davon ist Nahrung für Tier und Mensch und dient indirekt, aber weit effizienter der Fortpflanzung. So bilden sich Partnerschaften und Kooperationen, die im Haushalt der Natur genauso wichtig sind wie Jagd und Flucht, Verfolgung und Abwehr, Tarnen und Täuschen.

Auch unter uns Menschen entstehen die schönsten und fruchtbarsten Beziehungen dann, wenn aufmerksame Zuneigung und nicht der eigene Vorteil im Vordergrund steht. Dieser wird sich ganz nebenbei und nachträglich umso reicher einstellen.

Sobald Eichhörnchen satt sind, vergraben sie Nüsse. Jene, die sie nicht mehr finden, keimen im nächsten Frühling.

Jeder Monat ist der schönste

Jede Jahreszeit hat ihren Reiz. Selbst der düstere Nebelmonat belohnt das suchende Auge mit unvergleichlichen Schönheiten und die wache Seele mit symbolträchtigen Bildern.

Letzte bunte Birkenblätter verzaubert der Reif zu einem Sinnbild der Vergänglichkeit, dessen Schönheit trösten kann.

Zwischen dem bunten Fest des Oktobers und der leuchtenden Pracht des Winters scheint der dunkle November wenig Anziehendes zu bieten. Die warme Zeit, wo wir im Garten wohnen konnten, ist ferne Erinnerung. Welke Blätter und vom Frost versengte Blüten künden von Tod und Verwesung, erinnern uns an die Vergänglichkeit von Glück und Leben.

Gerade deswegen mag ich auch den Nebelmonat. Die Vorbereitung der Pflanzen auf die Winterruhe ist ebenso schön und interessant wie ihre Entfaltung im Frühling. Gehölze zeigen nach dem Laubwurf erst ihre eigentliche Gestalt. Die verdorrenden Stauden, die im Naturgarten selbstverständlich über den Winter stehen bleiben, schmücken die Beete mit charaktervollen Silhouetten. Abgefallenes Laub bedeckt den Boden und schützt Knospen, Knollen und Kleingetier vor dem nahenden Frost. Manche Blätter verändern noch ihre Farbe, bis sie fahl und durchscheinend werden. Andere rollen sich ein zu barocken Ornamenten.

Wir werden nicht gerne an den Tod erinnert. Ihn dauernd im Bewusstsein zu haben, wäre auch krankhaft. Seine ständige Verdrängung ist es aber ebenso. Die Endlichkeit des Daseins ist eine Realität, die wir als Bestandteil des Lebens zu akzeptieren haben. Sie ist kein lästiges Übel und auch mehr als bloß eine notwendige Voraussetzung für Erneuerung und Entwicklung. Die Tatsache, dass uns das Leben nur für eine begrenzte Zeit geliehen ist, hilft uns, es dankbar und bewusst zu gestalten, Wesentliches von Unwichtigem zu unterscheiden.

In allen Bereichen sind dunkle Zeiten nötig. Regenperioden schenken den Quellen ihr Wasser und dem Land seine Fruchtbarkeit. Ohne die Ruhepause des Winters gäbe es nicht den jubelnden Aufbruch des Frühlings. Wir wünschen niemandem Schmerzen und Enttäuschungen, dennoch sind sie unentbehrliche Lehrmeister bei unserem Wachsen und Reifen.

Jeder Monat, jedes Wetter und jeder Lebensabschnitt hat seine Richtigkeit, wenn wir seine positiven Seiten zu sehen lernen. Die Schönheit

sterbender Pflanzen, die festliche Pracht herbstlicher Blätterkleider, bevor sie als welkes Laub abgelegt werden, kann uns Trost und Vorbild sein.

Nebel verwandelt jeden Busch in eine einsame Gestalt, Reifkristalle bedecken als schimmernder Schmuck dürre Halme und Blätter. Vertrautes wird verfremdet, Alltägliches sehen wir auf einmal ganz neu, wie mit anderen Augen. Dabei merken wir, dass die Wirklichkeit mehr ist, als wir mit unserer Wahrnehmung erfassen können. Wie viel Geheimnis verbirgt sich hinter dem, was wir sehen und zu wissen glauben?

Bald wird die frostige Starre wieder warmer Daseinsfreude weichen. Es ist ein Kommen und Gehen. Wir lernen zu lieben und loszulassen. Jedes noch so kurz existierende Lebewesen erfüllt Funktionen in der Natur. Und jeder Mensch hat die Chance, ein gutes und glückliches Leben zu gestalten.

Nebel verwandelt die kahlen Gehölze vor den blauen Bergen in eine effektvolle Szenerie.

Dunkle Zeiten

Der Härte des Winters trotzen Lebewesen mit unterschiedlichen Strategien. Diese Anpassungen zeigen den Erfindungsreichtum der Natur. Sie können auch uns ermutigen, durchzuhalten und schwere Zeiten zu überstehen.

Bäume und Sträucher warten, dass feuchtwarme Frühlingstage ihre Knospen auf den Zweigen wecken. Die Kräuter haben sich in den schützenden Boden zurückgezogen. Allen wechselwarmen Tieren, die am Land leben, bleibt keine andere Wahl als die Kältestarre, denn sie können erst ab einer bestimmten Temperatur aktiv werden. Da kommt es darauf an, dass sie in diesem wehrlosen Zustand vor Feinden und dem ebenso tödlichen Frost geschützt sind. So suchen Eidechsen und Schlangen, viele Lurche und winterschlafende Säugetiere ihr Winterversteck im relativ warmen Schoß der Erde.

Zu Regenwürmern und der riesigen Schar kleiner und kleinster Bodenorganismen gesellen sich im Winter vielerlei weitere Kleintiere. Für alle ist eine isolierende Streuschicht aus welkem Laub und geknickten Stängeln der beste Schutz vor Frösten. Die Reste abgestorbener Pflanzen sind für viele Organismen wichtige Lebensraumelemente. Deshalb verbleibt im Naturgarten, auf Böschungen und anderen ökologischen Ausgleichsflächen alles Verdorrte, wodurch der Tierwelt ein unglaublicher Reichtum an Strukturen und Nahrungsmitteln offensteht. In hohlen Halmen und eingerollten Blättern, im Falllaub und in Poren des Bodens sind junge Spinnen, Gelege von Heuschrecken, Puppen von Schmetterlingen, Larven verschiedenster Insekten und viele andere Geheimnisse verborgen.

Larven von Bockkäfern und anderen Arten haben sich in totes Starkholz eingebohrt. Ihre Gänge dienen manchen Wildbienen ebenfalls als geschützte Kinderstube. Vielerlei Puppen oder erwachsene Kerbtiere sind in Rissen und Rauigkeiten von Rinden alter Bäume untergeschlüpft oder eingesponnen. Freilich enden viele von ihnen auch in den spitzen Schnäbeln der Meisen, Spechte oder anderen Vögel, die sich von ihnen ernähren.

Manche Zugvögel sind aus dem hohen Norden zu uns gekommen, andere mussten in südliche Richtung fliehen. Distelfalter, Taubenschwänzchen und andere Wanderschmetterlinge können

Dürre Stauden bieten im winterlichen Naturgarten vielerlei Tieren Nahrung und Unterschlupf.

ebenfalls unseren Winter nicht überleben und fliegen jedes Frühjahr wieder über die Alpen ein.

Auch im eigenen Leben kennen wir dunkle Zeiten. Wie in der Natur, ist auch im menschlichen Dasein alles im Fluss, in ständiger Veränderung begriffen und daher unsicher. Wir können scheitern, doch lohnt es sich immer, durchzuhalten. Schmerzen vergehen, Verletzungen und Schicksalsschläge vernarben – letztlich ist man daran gewachsen, stärker geworden oder hat etwas gelernt. Da kann es manchmal hilfreich sein, sich eine Weile zurückzuziehen, um zu sich selber zu finden.

Geduld und Widerstand sind auch gefragt, wenn sich in unserer Gesellschaft Kälte und Lieblosigkeit ausbreiten. Die Geschichte der Menschheit ist voll von Feindschaft und Unterdrückung, aber ebenso von Aufklärung und Befreiung. Toleranz, Mitgefühl und Hilfsbereitschaft gegenüber Mitmenschen und Mitgeschöpfen kann man immer üben – selbst wenn diese Ideale zeitweilig von Hab- und Machtgier überrollt, von Hassreden oder Kriegslärm übertönt, von Ängsten und Vorurteilen behindert werden. Auch die Liebe zum Leben erweist und bewährt sich durch die richtige Mischung aus Beharrlichkeit, Mut und Leidensfähigkeit. Früher oder später, auf die eine oder andere Weise, wird ein Tauwetter das Glück der Freiheit wieder erblühen lassen.

Von der Streuschicht geschützt, warten Pflanzen und Tiere im Boden geduldig auf den befreienden Frühling.

Lebendige Langsamkeit

Beschaulichkeit und Einkehr gehören ebenso zum Leben wie Leistung und Schnelligkeit. Wo finden wir zwischen diesen Polen einen gesunden Ausgleich? Eine Wanderung durch die Winterstille kann uns Antworten geben.

In Garten, Wald und Feld zwingt der Winter das Wachstum zum Innehalten. Der Frost überzieht alles mit Schneedecken, Eispanzern und Reifkristallen, gleichzeitig sind diese aber auch schützende Mäntel. Darunter verborgen warten die meisten Lebewesen, oft in unterirdischen Nestern, als Knospen, Eier oder Puppen auf wärmere Zeiten, während die Zeit nahezu stillzustehen scheint.

Diese Ruhe lässt auch uns durchatmen, achtsam und nachdenklich werden. Die Stille und Einsamkeit der Winterlandschaft tut uns wohl, weil auch unsere eigene Natur Zeiten der Ruhe und Erholung braucht.

Unsere auf Wachstum, Leistung und Geschwindigkeit, auf Karriere, Geld und teuren Lebensstil fixierte Gesellschaft verlangt von uns andauernde Aktivität. Viele Menschen fühlen sich davon überfordert, gehetzt, werden sogar krank. Dennoch gehört es beinahe zum guten Ton, gestresst zu sein. Selbst Freizeit und Urlaub werden dem eiligen Konsum möglichst vieler touristischer Angebote geopfert.

Körper und Seele brauchen für ihre Gesundheit jedoch ein ausgewogenes Gleichgewicht zwischen Aktivität und Ruhe, zwischen Anregung und Entspannung. Nirgends finden wir diese scheinbaren Gegensätze so harmonisch vereint wie in der Natur. Nichts ist heilsamer für unser Gemüt als intensiver Naturkontakt.

Wer es nicht gewöhnt ist, die Natur wahrzunehmen, muss erst lernen, sich ihr aufmerksam zuzuwenden und zu öffnen. Denn wer sie nur aus Filmen mit ihren ständig bewegten Bildern und dramatischen Szenen kennt, wird ihre souveräne Ruhe zunächst langweilig und enttäuschend finden. Bei der Natur und ihren Lebensgemeinschaften ist es nicht anders als bei einem Menschen: Um einen solchen einigermaßen zu kennen und eine Beziehung zu ihm aufzubauen, brauchen wir außer eiligen Gesprächen und biografischen Daten vor allem auch gemeinsam verbrachte Zeiten und Erlebnisse.

Geduldiges Beobachten lässt uns die sanften Rhythmen vieler natürlicher Ereignisse

In der winterlichen Stille der einsamen Wälder im Quellgebiet der Ybbs vor dem Dürrenstein werden auch wir achtsam und ruhig.

erkennen. Allmählich wird uns klar, dass auch Langsamkeit höchst lebendig und spannend, wichtig und richtig sein kann. Wir sehen der untergehenden Sonne zu, wie sie die wandernden Wolken in wechselnde Farben taucht. Wir spüren den sanften Wind, der in Zweigen rauscht und uns liebkost. Wir riechen den herben Geruch verrottenden Falllaubes, der uns an die ebenso verborgenen wie lebenswichtigen Vorgänge im Boden erinnert. Wir hören den Schnee, der unter unseren Sohlen knirscht …

Die Einstimmung auf die langen Atemzüge und weitgespannten Melodien der Natur lässt uns die zwanghafte Alltagshektik und Reizüberflutung vergessen. Die Sinne werden geschärft, und unser Geist wird frei. Da dürfen wir wieder staunen über Wunder und Schönheiten dieser Welt, auch wenn sie manchmal klein oder verborgen sind. Zu wissen und zu fühlen, dass wir Kinder dieser Biosphäre und allen Lebewesen verschwistert sind, ist ein Schlüssel zu Geborgenheit, Gelassenheit und Dankbarkeit für das Geschenk des Lebens.

Wandernde Wolken, wechselndes Licht und andere langsame Naturereignisse lassen unsere Geborgenheit in einer großartigen Schöpfung fühlen.

Denken mit Herz

Die Schönheit des natürlich Gewordenen und Gewachsenen macht uns einfach glücklich. Wir spüren, dass wir die noch vorhandenen Naturreste brauchen und dass es ein Fehler ist, sie einem zweifelhaften Gewinn zu opfern.

Wir erfahren die Welt zunächst durch eigenes Erleben, das neben Geist und Sinnen auch unser Gemüt bewegt – erst danach in Schulstunden und Lehrbüchern. Intensive Begegnungen mit der Natur können uns auf viel tieferen Ebenen berühren als alle Gelehrsamkeit. Auch herausragende Werke der Dichtung, Malerei oder Musik und Gleichnisse der Religionen verweisen uns auf Fragen, die sich nicht mit Experimenten und mathematischen Modellen erfassen lassen. Sicher hat moderne Wissenschaft in ungeahntem Maß unser Weltbild erweitert. Es droht aber auch seine Verengung, wenn wir andere Fenster zur Wirklichkeit verschließen.

Wer über sein enges Fachgebiet hinausblickt, wird bescheiden und behutsam. Unserer Erkenntnis sind nur Ausschnitte der hochkomplexen Welt zugänglich. Aber wir gehen so sorglos mit ihr um, als hätten wir eine zweite in Reserve. Seit Jahren wissen wir, dass unser Wirtschaftssystem nicht nur unter den Menschen Armut und Krisen erzeugt, sondern auch lebenserhaltende Systeme unseres Planeten überlastet. Der Schwund der Vielfalt und Schönheit ist ein Aspekt davon, der wache Menschen zum Widerstand aufruft.

Die Erhaltung des mittleren Kamptals und vieler anderer Naturjuwele verdanken wir Menschen, die sie liebten und ihren Wert erkannten.

Trotz internationaler Konferenzen und zahlloser Sonntagsreden schwindet der natürliche Reichtum. Tropische Wälder weichen ebenso industriellen Monokulturen, wie in unseren Kulturlandschaften Wildnisreste zugunsten einer chemiegestützten Pflanzenproduktion und anderer einseitiger Nutzungen verdrängt werden. Sogar verordnete Landschafts- und Europaschutzgebiete werden durch Straßenbauten, forstliche oder touristische Intensivierungen und andere „Erschließungen" zerstückelt und beschädigt. Vom Lebensministerium ausgewiesene „Flussheiligtümer" werden ungeniert für Kraftwerke verplant, wie seit Jahren an Sulm oder Kamp.

Oft bedarf es organisierter Aufklärungs- und Protestaktionen, um bestehenden Naturschutzgesetzen Geltung zu verschaffen. Daher ist für

seriöse Bewilligungsverfahren die Parteistellung von Naturschutzverbänden ebenso wichtig wie Instanzen der Europäischen Union, die dem Einfluss lokaler Tagespolitik weniger ausgesetzt sind als Landesregierungen. Erst bei einer Bedrohung von Naturjuwelen wird vielen Menschen der Wert solcher Lebensräume bewusst. Und der geht über messbare Leistungen für Landschaft, Boden, Klima und Erholung weit hinaus.

Nicht alles, was zählt, kann man auch zählen. Nur wenige Dinge, die dem Leben Glück und Wert geben, lassen sich kaufen. Ebenso wenig lässt sich der Wert naturnaher Lebensräume und ihrer Artenvielfalt bemessen. Wir wissen aber, dass sie für die Stabilität von Atmosphäre, Nahrungsproduktion und anderen Lebensgrundlagen unentbehrlich sind. Nur ist das unserem an Geldwerten orientierten Verstand schwer zugänglich.

Unsere Gefühlsebene ist für solche Einsichten offener als unser Intellekt. Die Blütenpracht einer ertragsschwachen Wiese, die Märchenwelt eines unerschlossenen Waldes, der Zauber eines Wildflusses oder einer Stromau vermag uns zu begeistern. Solche Gefühle sind ernst zu nehmen. Sie sind nicht nur ein wesentlicher Teil des Menschen, sondern auch unserer Wahrnehmung und Erkenntnis.

Naturnahe Wälder beherbergen außer unzähligen Lebewesen auch Märchen und Geheimnisse, die uns wohltun und inspirieren.

Wissen & Weisheit

Der Wissenschaft verdanken wir unzählige Errungenschaften, die unser Leben erleichtern. Fortschritt kann aber auch in die falsche Richtung gehen, wenn es an Weisheit mangelt.

In unserem technisch-industriellen Zeitalter erleben wir manche Fehlentwicklungen, die historisch aus einer Mischung von naivem Fortschrittsglauben, vereinfachendem Denken und immer besser organisiertem Gewinnstreben entstanden sind. Obwohl manche Menschen noch immer z. B. den Bau von Atomkraftwerken oder die weitere Industrialisierung der Landwirtschaft befürworten, zwingen immer deutlichere Umweltkrisen zur Einsicht, dass wir Folgen unseres Tuns oft viel zu wenig bedacht und berücksichtigt haben. Wer hätte vor hundert Jahren an die bedrohlichen Auswirkungen der Motorisierung und des Flugverkehrs auf Klima und Landverbrauch gedacht. Die Menschheit befindet sich in der Rolle des Zauberlehrlings, der die Geister, die er rief, nun nicht los wird. Wir brauchen mehr Wissen, aber noch mehr Weisheit.

Die Kenntnis von Pflanzen, Pilzen und Tieren ist eine Voraussetzung für die Beurteilung des Zustands von Lebensräumen.

Die Wissenschaften zersplittern sich in immer engere Fachbereiche von Spezialisten, die sozusagen immer mehr von immer weniger wissen. So manche Experten leben von Gutachten, die im Sinne ihrer Auftraggeber keine Schlechtachten sein sollen, sondern Unbedenklichkeitsbescheinigungen für problematische Vorhaben. Selbst die Objektivität von Universitätsinstituten kann leiden, wenn diese von gut zahlenden Klienten abhängig werden. Dazu kommt, dass Forschung und Forschungsförderung zunehmend von Konzernen statt von öffentlichen Einrichtungen betrieben wird, sodass es letztlich weniger um Erkenntnis geht als um Geld, das diese einbringt.

Dagegen werden unabhängige Freilandbiologen mit Artenkenntnis selber zu einer aussterbenden Spezies. Denn mit der Dokumentation der schwindenden Lebensvielfalt ist wenig zu verdienen. Weil aber unsere Wirtschaft und Gesellschaft von der Stabilität artenreicher Ökosysteme abhängen, wäre deren Erforschung und Erhaltung lebenswichtig. Eine vernünftige Lenkung und Verwendung unseres wachsenden Wissens erfordert Weisheit. Aber die lässt sich weder durch Studium noch durch Geld erwerben. In unserer grellen Welt von Produktion und

Konsum, Sensation und Oberflächlichkeit wird sie auch gering geachtet. Denn weise Menschen treten sanft und bescheiden auf, weil ihnen die Lücken und Grenzen des Wissens und andere Unzulänglichkeiten bewusst sind. Sie halten sich nicht für weise und verkaufen sich schlecht auf dem Jahrmarkt der Eitelkeiten.

Weisheit besteht im ständigen Bemühen, einen Überblick über die Wirklichkeit zu gewinnen und unsere Verantwortung wahrzunehmen. Sie reicht über die schmalen Fenster der Wissenschaften hinaus in Bereiche der Religion und der Kunst, jener ebenso gültigen Versuche des Menschen, die Welt mit ihren Wundern und Widersprüchen zu deuten. Zur Weisheit gehört auch die Einsicht, dass wir nie alles durchschauen werden, ja, dass eine entzauberte Welt ohne Geheimnisse gar nicht wünschenswert wäre.

Das Bewusstsein, dass wir manches nicht wissen, lehrt uns Vorsicht und Rücksicht beim Gebrauch des Wissens. Weisheit gipfelt in einer Ethik der Ehrfurcht vor dem Leben, zu dessen Gesamtheit wir mit Leib und Seele gehören. Ob wir von Schöpfung sprechen oder von Evolution: Wesentlich ist ein tief reichendes Gefühl der Solidarität mit allen Wesen. Weisheit gehört zu jenen kostbaren Dingen, die man leichter findet, wenn man sie nicht sucht. Denken und Fühlen, Lernen und Lieben sind die Zugänge, die uns mit ihr einen guten Lebensweg erschließen.

So wie im Morgennebel die Landschaft bei Waldhausen im Strudengau nur zum Teil sichtbar ist, sind auch Teile der Wirklichkeit unserer Erkenntnis nicht zugänglich.

Jugend & Alter

Jedes Lebensstadium von Organismen ist wichtig im Gefüge der Natur. Das ist in unserer Gesellschaft nicht anders. Wer bis ins Alter dankbar in die Vergangenheit und neugierig in die Zukunft blickt, hört nie auf, innerlich zu wachsen.

Wir besingen zu Recht den Zauber unseres Lebensfrühlings. Dennoch ist keine Kindheit und keine Jugend unbeschwert. Ohne Stürze und schmerzende Verletzungen erlangen Kinder kaum körperliche Geschicklichkeit. Ebenso muss schon jede kleine Seele Leid und Traurigkeit erleben, wenn sie mit ihrer Umwelt und den eigenen Gefühlen umzugehen lernt. Selbst der fröhliche Überschwang Pubertierender wechselt mit Missmut und Zweifel, dem Infragestellen von Autoritäten und der Suche nach neuen. Es ist eine für die Persönlichkeitsentwicklung wie für den gesellschaftlichen Fortschritt notwendige Zeit. Aber sie dürfte für die jungen Leute selbst ebenso schwierig und anstrengend sein wie für die Erwachsenen in ihrer Umgebung.

Es gehört zu den Aufgaben junger Menschen, ihr warmes Nest immer häufiger zu verlassen, ihre Grenzen auszuloten. Und es ist Aufgabe der Erwachsenen, genügend Freiheit zu geben und gleichzeitig Grenzen zu setzen, die rechte Balance zwischen Beschützen und Loslassen zu finden. Daraus entstehende Konflikte sind nur mit Liebe und gegenseitigem Respekt zu entschärfen. Dabei haben die Älteren einen großen Vorteil, der wichtiger sein sollte als Geld oder gesellschaftlicher Rang: Sie haben die Freuden und Nöte früherer Lebensabschnitte selber erfahren und durchlebt. Junge können sich dagegen nur theoretisch durch Beobachten und Lernen in erwachsene und alte Menschen hineindenken.

Wir werden den Jungen leichter mit liebevollem Verständnis begegnen, wenn wir uns erinnern, wie wir in ihrem Alter waren. Wie gnadenlos haben wir damals jede Schwäche eines Lehrers ausgenützt, so manche Eigenheit der Älteren lächerlich gemacht. Was wir ihnen alles verdanken, ist uns erst viel später bewusst geworden. Und Fehler bei anderen mit Nachsicht zu beurteilen, lernen wir erst, wenn wir oft genug über unsere eigenen gestolpert sind. Wir sollten daher nie vergessen, wie auch wir selber einmal zwischen Leichtsinn und Schwermut

Alte Bäume verlieren an wirtschaftlichem Wert, sind aber ein wesentlicher Gewinn für die Lebensvielfalt und Gesundheit des Waldes.

geschwankt sind, manchen Streich gespielt oder Schaden gestiftet haben. Solche Erinnerungen schenken uns Gelassenheit und Vertrauen in die Nachkommenden, was diese gerade besonders nötig brauchen. Ich finde es immer interessant und schön zu beobachten, wie sich Kinder entwickeln, welche Begabungen sich früh zeigen, welche Interessen bleiben, welche wechseln.

Die eigene Erfahrung ist bekanntlich der beste Lehrmeister. Mit den Jahren wird dieser Schatz immer größer und macht uns innerlich reich. Er besteht aber nicht nur aus erlebtem Glück. Aufgaben, die wir nach Kräften bewältigen, Fehler, die wir einsehen, Abschiede und Schmerzen, die wir nicht verdrängen, sondern verarbeiten, lassen uns eines Tages dankbar darauf zurückblicken. Denn gerade durch sie sind wir ein wenig klüger und mitfühlender geworden.

Ich hatte eine wunderbare Jugend. Trotzdem wünsche ich sie mir nicht zurück. Zwar wäre mir das dichte Haar auf dem Kopf und die glatte Haut von einst nicht unwillkommen. Aber was ich in meinem langen, reichen Leben alles gelernt habe, möchte ich auf keinen Fall dagegen tauschen. Da nehme ich mir lieber einen verwitterten Felsen oder alten Baum zum Vorbild, der in seiner rauen, wettergegerbten Oberfläche und seinen aus Verletzungen entstandenen Höhlen vielerlei Lebewesen Wohnung, Schutz und Nahrung schenkt.

Die Kogelsteine bei Eggenburg, granitene Reste eines längst abgetragenen Gebirges, beherbergen viele gefährdete Arten.

Gut & Böse

So alt wie die Menschheit ist ihre Sehnsucht nach einer besseren Welt. Weitblick und liebevolle Verständnisbereitschaft gegenüber Menschen und anderen Lebewesen sind auch hier die besten Begleiter.

Die Frage, warum es das Böse gibt, lässt seit Jahrtausenden manche Menschen an der Weisheit der Schöpfung zweifeln. Ein allmächtiger und gütiger Gott dürfte doch nichts Schlechtes in seinem Werk zulassen. Solche Gedanken zeigen nur die Enge unseres Verstandes gegenüber der Weite unserer Welt, der Tiefe unserer Seele. Wir müssen lernen, auch mit dem Herzen zu denken.

Ein buddhistisches Symbol mit drei Affen, die sich Augen, Ohren und Mund zuhalten, legt uns nahe, dass wir Böses nicht sehen, hören und sagen sollen. Damit unterdrücke man das Negative wirksamer als durch Konfrontation. Dieser Gedanke ist eine wunderbare Hilfe, wenn wir uns bei Begegnungen mit Menschen an ihre guten Seiten wenden und unangenehme ausblenden. Ein wenig Freundlichkeit, Eingehen auf unser Gegenüber oder Dank für seine Leistungen schafft sofort ein Klima, das beiden Seiten das Leben schöner macht.

Aber Böses zum Verschwinden zu bringen, indem wir es ignorieren, funktioniert leider nicht überall. Wir dürfen weder das Feld unguten Machern überlassen noch anderen Menschen dringend nötige Hilfen entziehen. Wir müssen uns auch wehren. Natürlich soll man nichts Böses sagen. Aber wegzusehen, seine Betroffenheit zu verschweigen oder zu verdrängen, ist eine lebensfeindliche Flucht vor der Wirklichkeit, die uns mitschuldig werden lässt. Organisationen wie Amnesty oder Greenpeace verdienen jede Unterstützung, weil sie so manches Unrecht, manche Grausamkeit und Lüge entlarven, an die Öffentlichkeit bringen und damit Sand ins böse Getriebe streuen. Humanitäre und ökologische Initiativen können ihre segensreichen Tätigkeiten nur in dem Maß ausüben, als Menschen mit Mitgefühl die Not in der Welt wahrnehmen.

Terrorismus ist als böse Methode absolut verwerflich. Er würde sein wichtigstes Motiv verlieren, wenn seine Taten unbeachtet blieben. Aber dahinter steht sehr oft nicht nur böser Fanatismus, sondern auch Menschen, die durch eine ebenso böse Unterdrückung so verzweifelt sind,

Der Wolf als Symbol des Bösen ist ein grobes Missverständnis seiner Funktion in der Natur. Böse ist immer nur der Mensch.

dass sie nichts mehr zu verlieren haben, wenn sie sich opfern. Solche Hintergründe des Terrors sollten viel mehr gesehen, erforscht und aufgearbeitet werden. Dazu kommt, dass das Böse manchmal gar nicht so eindeutig auszumachen ist. Vorsicht ist angebracht, wenn jemand genau zu wissen vorgibt, wo das Böse wohnt. Wie viele unschuldige Menschen sind nicht als böse stigmatisiert, gemobbt und getötet worden, von Inquisition und Hexenverfolgungen bis zu jüngsten Kriegen.

Auch manchen Tierarten geht es bis heute nicht besser, wenn man zum Beispiel an Hetzartikel in Fischereiorganen gegen den Fischotter oder den Kormoran denkt oder die von manchen Jagd- und Bauernfunktionären geschürte Angst vor Luchs, Bär und dem „bösen Wolf". Denn solche Stimmungsmache fördert nicht nur illegale Tötungen, sondern auch tagespolitisch statt fachlich begründete Verordnungen zur „Entnahme" gesetzlich geschützter Tiere. Oft ist das Böse einfach dumm, und Dummheit kann sehr böse sein.

Die Natur lehrt uns, dass die Welt von Gegensätzen geprägt ist. Zum Leben gehören Sonne und Regen, Geburt und auch der Tod. Und ich meine, ohne das Böse könnte das Gute nicht wachsen und sich bewähren. Unser Dasein ist nicht nur aus Freude und Leid gemischt, sondern stellt uns auch immer wieder vor schwierige Entscheidungen.

Auch wenn die Azurjungfer als Beute einer Streckerspinne unser Mitleid erregt, ist das Töten anderer Arten Teil des Naturhaushalts. Nur der Mensch tötet seinesgleichen in großer Zahl.

Kultur der Zuversicht

Gute Nachrichten erfahren weniger Aufmerksamkeit als schlechte. Dabei sind auch sie für ein wirklichkeitsnahes Weltbild nötig. Wichtige Informationen von unwichtigen zu trennen, lehrt auch die Natur.

Begegnungen mit der Natur, etwa eine Bootsfahrt auf der Thaya, lüften den Geist aus und erleichtern die Unterscheidung von Information und Manipulation.

Information ist ein wesentlicher Bestandteil allen Lebens. Die Fähigkeit, Reize aus der Umwelt zu empfangen und auf sie angemessen zu reagieren, gehört zu den grundlegenden Strategien der Organismen – etwa um Nahrung zu finden, um Konkurrenten oder Gefahren auszuweichen. Diesem Zweck dienen zum Beispiel die Sinnesorgane von Tieren – denken wir nur an den Geruchssinn von Hunden, die scharfen Augen jagender Vögel oder die Echolotpeilung der Fledermäuse. Zur Sinnesleistung gehört neben dem Empfang immer auch die Verarbeitung von Informationen durch ein Nervensystem. Eine wichtige Aufgabe besteht dabei im Herausfiltern der wirklich wichtigen Eindrücke, damit Aufmerksamkeit und Gedächtnis nicht von Unwichtigem blockiert werden.

Genau dieses Aussortieren ist die Herausforderung unserer Informationsgesellschaft. Mit zahllosen Apparaten haben wir die Schnelligkeit und Reichweite der Kommunikation und des Datentransports vervielfacht. Aber die von den Medien vermittelten Bilder der Welt sind willkürlich ausgewählt oder gar manipuliert. Berichte von schrecklichen Einzelereignissen gelangen leichter in die Schlagzeilen und in unser Bewusstsein als tiefschürfende Analysen oder positive Nachrichten. So erhalten wir jedoch ein verzerrtes Bild von der Wirklichkeit, werden von wahren Problemen abgelenkt oder lassen uns gar aufhetzen.

Gerade vor den vielschichtigen Krisen unserer Welt dürfen wir nicht die Augen verschließen. Erfreuliche Entwicklungen und Lösungsansätze können uns jedoch Zuversicht geben. Und die ist meist der bessere Begleiter auf unserem Lebensweg. Dagegen werden misstrauische, ängstliche Menschen leicht hart, ungerecht und unfroh. Wir haben keinen Grund und kein Recht zu resignieren, aber die Pflicht, hinzuschauen. Ohnmächtiges Aufregen über Unwichtiges verstellt nur den Blick auf Dinge, denen wir uns entgegenstellen können und sollen. Wer Missstände erkennt, muss sich gegen sie wenden, sonst macht er sich mitschuldig.

Doch oft wird versucht, uns mit Angst zu manipulieren. Noch immer sind giftige Agrochemi-

kalien zugelassen, weil viele den falschen Warnungen ihrer Hersteller glauben, dass ohne sie die Menschheit verhungere. Aus Furcht vor Wirtschaftseinbußen geben Regierungen immer mehr Macht an Großkonzerne ab. Und mit angstbesetzten Vorurteilen feiert eine überwunden geglaubte Fremdenfeindlichkeit eine beschämende Wiederkehr. Eine aufgeklärte Zivilgesellschaft kann mit Beharrlichkeit falsche Experten zum Schweigen bringen und zukunftsfähige Systeme stärken. So ist die Drohung der Atomindustrie, ohne sie würden die Lichter ausgehen, schon lange verstummt.

Es sind oft nicht die Probleme, sondern die angebotenen allzu einfachen Lösungen, vor denen wir Angst haben sollten. Aber dazu muss man die Dinge von mehreren Seiten betrachten. Gegenwärtig wachsen viele Bewegungen – für Transparenz und Demokratie, für Gerechtigkeit und fairen Handel, für den Erhalt natürlicher und kultureller Vielfalt.

Die Industrienationen sollten angesichts der zunehmenden Flüchtlingsströme über ihre Beteiligung an deren tieferen Ursachen nachdenken, vom Klimawandel bis zum Waffengeschäft. Begründete Angst ist lebenswichtig, Vertrauen aber ebenso. Angst als Erziehungsmittel macht dumm. Diese Erkenntnis moderner Pädagogik kann uns gegen manches Schreckbild immunisieren, mit dem uns Produkte oder Ideologien verkauft werden sollen.

Sinnesorgane, wie die leistungsfähigen Augen des Uhus, benötigen ein Nervensystem, das ihre Signale sortiert und verarbeitet.

Die Freuden in uns

Unabänderliches anzunehmen, mit anderen mitfühlen zu können, für alles Schöne und Gute dankbar zu sein, sind verlässliche Wege zur Freude. So wie erste Blumen und Vogellieder können auch freundliche Gesten die Welt erhellen.

Jedes Wesen sucht Glück und meidet Leid. Aber beides gehört zum Leben. Wer immer nur Glück hat, würde kaum auf Dauer glücklich sein. Erst durchlebtes Leid lehrt uns, die Sonnenstunden des Lebens dankbar zu schätzen.

Von der Geburt bis zum Tod sind wir nie sicher, was das Schicksal von uns verlangt. Manche Menschen scheitern an großen Schwierigkeiten, verlieren die Freude am Leben, werden sich selbst und ihrer Umgebung zur Last und ziehen sich verbittert von der Welt zurück.

Jede Krise gibt uns aber auch die Gelegenheit, uns zu bewähren, stärker und reifer zu werden. Viktor Frankl, der große österreichische Psychologe, hat das Konzentrationslager überlebt, indem er sich um seine Leidensgenossen kümmerte. Hätte der Dalai Lama nicht aus seiner Heimat fliehen müssen, wären seine Botschaften, welche die Menschen mit Besonnenheit und Mut erfüllen, kaum so weit verbreitet. Und er könnte auch nicht mit so vielen Menschen lachen.

Herausforderungen sind Aufgaben. Je schwieriger sie sind, desto mehr lernen wir dabei. Und Lernen hält uns lebendig. Wir können uns in Gelassenheit üben, sodass Angst, Ärger oder Schmerz, die auf Dauer unsere Seele vergiften, positiven Gefühlen Platz machen können. Wenn wir uns klarmachen, dass unser aktuelles Problem nicht nur schwierig, sondern auch interessant ist, und dass unzählige Menschen noch schlimmer dran sind, gewinnen wir Abstand zu unserem Ich, vielleicht sogar Humor. Denn sobald wir uns nicht mehr so wichtig nehmen und alles auf uns beziehen, erkennen wir, dass wir ein kleiner Faden im Gewebe des Lebens sind.

Ein erweiterter Blickwinkel erlaubt uns, neben Defiziten auch schöne Seiten unserer Situation wahrzunehmen und dafür dankbar zu sein. Er vermittelt uns das Gefühl, Teil einer großen Familie zu sein, in der gegenseitige Hilfe und Solidarität stärker sein sollten als kleinliche Konkurrenz und ängstliche Ausgrenzung. Solche

Verständige Erwachsene unterstützen die Neugier und Experimentierfreude von Kindern. Naturgärten sind dafür ideal.

Gefühle der Geborgenheit in einem großen Ganzen entstehen am verlässlichsten bereits in frühester Kindheit in der Obhut liebender Eltern, aber auch durch Naturbegegnungen, welche die meisten Kinder spontan suchen.

Vögel, die zaghaft zu singen beginnen, auch wenn noch Schnee das Land bedeckt, erinnern uns daran, dass der Frühling nicht aufzuhalten ist. Die Tage werden länger, die Sonne wird immer stärker. Genauso kann jeder Mensch Wärme und Klarheit verbreiten. Ein freundlicher Blick, ein Wort der Anerkennung, eine Geste der Wertschätzung – das alles kann Angehörigen, Mitarbeitern oder Fremden helfen, Stress abzubauen und ihren Tag froher zu machen. Denn aus solchen Zeichen, die aus dem Herzen kommen, wächst Vertrauen.

Sich so zu verhalten ist nicht schwierig, wenn wir uns in die Lage des Gegenübers hineindenken und -fühlen. Der schönste Lohn dafür ist, dass vieles von dem, was wir aussenden, zurückkommt, oft auf beglückende Weise verändert, wie ein Echo. Mit der Freude ist es ähnlich wie mit der Schönheit: Ein Gutteil davon entsteht in unserem liebenden Herzen.

Die Kohlmeise scheint beim Sammeln von Material für den Nestbau eine geradezu ansteckende Freude auszustrahlen.

Begeisterung hält jung

Sich für etwas zu begeistern schenkt Glück, Kraft und Halt. Doch braucht das innere Feuer, das uns zum Leuchten bringt und auch andere wärmt, Kontrolle durch einen wachen Geist und eine liebevolle Seele.

An wilden Flüssen oder auf Bergeshöhen, im naturnahen Garten oder in anderen artenreichen Lebensräumen – überall pulsiert das Leben und vermag uns zu entzücken. Mit ihren kleinen und großen Schönheiten eignet sich die Natur besonders gut, Geist und Sinne zu beleben. Sie beurteilt uns nicht, umso leichter können wir uns ihr öffnen, sie auf uns wirken lassen und uns selbst einmal vergessen.

Wer das verlernt hat, kann versuchen, scheinbar Selbstverständliches mit staunenden Kinderaugen zu sehen und sich klarzumachen, dass wir alle in diesem Lebensgetriebe geborgen sind. Die aufgehende Sonne oder das sonnenhafte Gänseblümchen, das eine Biene ernährt, die großen Augen einer Libelle, der Jubel der Vogelwelt oder die erfrischende Zärtlichkeit eines Baches, in dem wir waten, schenken unfassbar schöne Eindrücke der Welt um uns.

Genauso kann uns eine Wissenschaft oder eine Kunstgattung faszinieren, eine Sportart, ein Handwerk oder eine Initiative für ein friedliches Miteinander oder einen umweltverträglichen Lebensstil. Unsere Begeisterung wird uns mit Menschen ähnlicher Gesinnung zusammenführen, mit denen wir uns austauschen und vernetzen können.

Zahllose Organisationen leisten Beeindruckendes, um notleidenden Menschen oder Tieren zu helfen, Landschaften und Ökosysteme zu erhalten oder umwelt- und menschenverachtende Strukturen offenzulegen. Die bunte Vielfalt an humanitären Initiativen, Natur- und Umweltschutzverbänden ist für unsere Gesellschaft ebenso unentbehrlich wie für lebendige Demokratie. Unzählige Frauen und Männer arbeiten da begeistert mit und helfen dadurch nicht nur, Not zu lindern, sondern auch Problembewusstsein und Bereitschaft zu eigenem Engagement zu verbreiten.

In einer Gruppe Gleichgesinnter fühlen wir uns bestätigt und ermutigt, sie gibt uns Kraft und Vertrauen. Mit der Masse wächst auch ihr Einfluss und Erfolg, damit aber auch ihre

Die Querung des Kamps war mit ihrer Mischung aus Abenteuer und sinnlicher Erfahrung für viele Teilnehmer ein begeisternder Höhepunkt der Exkursion.

Verantwortung. Umso mehr muss jeder selbständig denken, wach und achtsam sein. Denn Schauer der Begeisterung begleiten auch negative Gefühle wie Überheblichkeit, Hass und Aggression, welche der eigenen Seele ebenso schaden wie der Gesellschaft.

Beinahe ebenso gefährlich wie Verhetzung ist die Gleichgültigkeit gegenüber Unrecht, Gewalt und rücksichtslosem Gewinnstreben. Auch durch sie leiden und sterben Menschen, andere Lebewesen und Lebensräume. Jeder Demagogie, welche mit groben Vereinfachungen Angst und Feindseligkeit schürt oder von den eigentlichen Problemen und ihren Ursachen ablenkt, begegnen wir am besten mit besonnenem und trotzdem leidenschaftlichem Einsatz für Menschlichkeit und Menschenrechte, für Einigkeit zum Wohl aller Bewohner unseres einzigen Heimatplaneten.

Begeisterung für eine gute Sache, aber ohne Fanatismus hält jung. Denn sie bewegt uns, indem sie körperliche, seelische und geistige Energien mobilisiert. Das innere Feuer bringt uns gleichsam zum Leuchten, wärmt uns und andere. Wer ergriffen ist, fragt nicht nach dem Sinn seines Lebens. Er hat ihn gefunden.

Mit ihren riesigen Komplexaugen sind Mosaikjungfern und andere Libellen faszinierende Wesen.

Du liebe Zeit

Ein achtsamer Umgang mit der Zeit bringt mehr Lebensqualität als die gepriesene Geschwindigkeit. Wer bewusst lebt oder aufmerksam die Natur betrachtet, weiß auch, dass Zeit nicht Geld ist, sondern kostbares Leben.

Wir haben angeblich zu wenig Zeit, sie läuft uns davon. Dann wieder vertreiben wir sie uns, wir schlagen sie sogar tot. Aber in besonders schönen Augenblicken scheint die Zeit stillzustehen. Solche Redensarten verraten nicht nur unser oft gespaltenes Verhältnis zur Zeit. Sie drücken auch aus, dass wir selbst es sind, die über sie entscheiden. Es liegt an uns als Einzelne und als Gesellschaft, was wir aus und mit unserer Zeit machen.

An sich läuft die Zeit absolut gleichmäßig ab. Wir messen sie nach Sekunden, Tagen und Jahren, im Takt der kreisenden Erde, schwingender Pendel und anderer periodischer Veränderungen im Raum. Trotzdem erleben wir sie ganz unterschiedlich. Schon Kinder kennen Kurzweil und Langeweile. Je älter wir werden, desto rascher scheint die Zeit vorüberzugehen. Vielleicht liegt das daran, dass wir dem Ende unserer begrenzten Lebenszeit immer näher kommen. Wir sind gut beraten, wenn wir sie klug nützen.

Gerade das wird uns vom gegenwärtigen Zeitgeist oft schwer gemacht, der Leistung und Schnelligkeit, Produktion und Profit als vorrangige Ziele diktiert. Aber ein auf dauerndem Wachsen und Beschleunigen aufbauendes System stößt zwangsläufig an Grenzen. Die Biosphäre, die unser Leben ermöglicht, wird zunehmend verbraucht statt schonend genutzt. In ähnlicher Weise wird auch an den Menschen ein Raubbau spürbar. Hunger und Armut breiten sich seuchenartig bei weniger Privilegierten aus, Burnout und Depression bei Wohlhabenden. Höchste Zeit also, einen zeitgemäßen Umbau zu beginnen und das Auslaufmodell des militärisch-industriell-finanziellen Komplexes durch zukunftsfähige Formen von Politik und Wirtschaft zu ersetzen.

Das Schlagwort ‚Zeit ist Geld' war lange eine wenig hinterfragte Maxime, charakterisiert aber eine geistlose und krankhaft deformierte Lebensphilosophie. Im Grund wissen wir, dass Zeit weitaus mehr ist und zu unseren wichtigsten

Der nur bei bestimmten Wetter- und Lichtverhältnissen entstehende Regenbogen erinnert uns daran, dass sich auch für unsere Existenz viele Zufälle zu Fügungen verdichten mussten.

Ressourcen gehört. Wer sie gut einteilt, vermindert gesundheits- und leistungsfeindlichen Stress und erhöht die Freude an der Arbeit in Beruf und Freizeit. Aber wir leben nicht nur, um zu arbeiten. Auch unsere Partner und Kinder brauchen Zeit und Zuwendung, ebenso unsere Tiere, Haus und Garten, unsere Hobbys und Interessen. Wir sollten ausreichend Zeit haben für Freundschaften und Naturkontakte, Kultur und Kreativität. Sich Zeit zu nehmen für Spielen und Lachen, Denken oder Träumen ist keine Verschwendung, sondern bringt Lebensqualität.

Zeit ist kostbares Leben. Und manchmal gewinnen wir durch Langsamkeit mehr davon als durch die hochgelobte und in jeder Hinsicht teure Geschwindigkeit. Eine gemütliche Bahnfahrt gewährt uns Zeit für eine interessante Lektüre oder Begegnung. Ein Urlaub in der Heimat kann erholsamer sein und mehr bereichern als eine mit Sehenswürdigkeiten vollgestopfte Fernreise. Aufmerksame Wanderer, die an schönen Plätzen innehalten, um Blumen oder Tiere, Bauwerke und andere Details zu betrachten, erleben ungleich mehr als jene, die nur zurückgelegte Entfernungen sammeln.

In Stunden höchsten Glücks vergessen wir die Zeit oder haben das Gefühl, dass sie angehalten wird. Vielleicht gewinnen wir auch umgekehrt Sinn und Freude im Leben, wenn wir uns zeitweilig sammeln und in einem kostbaren Augenblick verweilen.

Die wellenbewegte Spiegelung des Röhrichts: Sinnbild eines pulsierenden, aus ungezählten Augenblicken bestehenden Lebens.

Werner Gamerith

geboren 1939, ist in Eggenburg, Niederösterreich, aufgewachsen, studierte Kulturtechnik und Wasserwirtschaft und lebt seit 1964 mit seiner Frau, der Malerin Tatjana, auf einem kleinen Mühlviertler Bauernhof in Streulage. Neben einer Werkstatt für Textilhanddruck entstand dort ein Naturgarten sowie 1983 der älteste Naturschwimmteich. Naturfotografie, Vorträge und das Schreiben wurden im Laufe der Zeit vom Neben- zum Hauptberuf. In Diavorträgen, Bildbänden und Artikeln engagiert sich Werner Gamerith für Naturgärten und biologische Landwirtschaft, für die Erhaltung naturnaher Lebensräume und gegen den Raubbau an unseren Lebensgrundlagen.

Foto: Sabine Fischer

Preise:
1984 Konrad-Lorenz-Staatspreis für Ökologie, gemeinsam mit seiner Frau, der Malerin Tatjana
1993 Josef-Schöffel-Förderpreis für Naturschutz des Landes Niederösterreich
2015 Österreichischer Naturschutzpreis des Österreichischen Naturschutzbundes

Bücher von Werner Gamerith

ZWISCHEN BEDROHUNG UND BEWAHRUNG. Das Kamptal – eine ökologische Parabel
Verlag Christian Brandstätter, 1987, 2. Auflage 1988 (vergriffen)

LECHTAL. Eine Landschaft erzählt ihre Geschichte
Tyrolia Verlag, 1997, 3. Auflage 2002 (vergriffen)

DONAU-AUEN. Naturreichtum im Nationalpark
Tyrolia Verlag, 1999 (vergriffen)

NATURGARTEN. Der sanfte Weg zum Gartenglück
Verlag Christian Brandstätter, 2000, 2. Auflage 2001 (nicht mehr im Handel)

TIERE im naturnahen Garten
Österreichischer Agrarverlag, 2006 (vergriffen)

GEHÖLZE im naturnahen Garten
Österreichischer Agrarverlag, 2007 (nicht mehr im Handel)

WACHAU. Lebensräume einer Kulturlandschaft
Tyrolia Verlag, 2003

ÖTSCHERLAND. Natur erleben zwischen Bauernland und Bergwildnis
Tyrolia Verlag, 2009, 2. Auflage 2012

KAMPTAL. Die Natur einer Kulturlandschaft
Verlag Berger, 2012

MEIN NATURGARTEN. Glück und Geheimnis
Verlag Christian Brandstätter, 2013

WIENERWALD. Naturjuwel zwischen Stadt und Gebirge
Tyrolia Verlag, 2019

Wie wird man zum begeisterten Liebhaber der Natur?

Vorhandene Anlagen entfalten sich am besten in einer anregenden Umwelt. Dieses große Glück hatte ich durch gebildete, verständnisvolle Eltern und einen Wohnort auf dem Land, durch gleichgesinnte Freunde und eine wunderbare Partnerin.

Als ich in Mödling, wo mein Vater Lehrer war, zur Welt kam, war der Zweite Weltkrieg gerade ausgebrochen. Im letzten Kriegsjahr übersiedelten wir wegen der Bombenangriffe in die weniger gefährdete Kleinstadt Eggenburg. Das letzte Haus der Siedlung „Gartenstadt", wo ich aufwuchs, grenzte an Blumenwiesen, wilde Gebüsche und einen Eichenwald. Varianten des Schulwegs führten mich zu Bächen und Feuchtwiesen. Mit neun Jahren begann ich, ein Herbarium anzulegen.

Meine Liebe zu Pflanzen traf bei Hansjörg Lauermann, einem Mitschüler im Horner Gymnasium, auf ein ähnliches Interesse für die Tierwelt. Auf unzähligen Wanderungen erkundeten wir unsere Heimat. Per Fahrrad entdeckten wir, flussaufwärts von Rosenburg, das mittlere Kamptal mit seiner für uns aufregenden Einsamkeit und Artenvielfalt. Die wilde Schönheit und Ursprünglichkeit dieses Naturjuwels hat mich geprägt und begeistert mich bis heute. Und wir begannen zu fotografieren.

Noch als Student lernte ich meine gleichgesinnte Lebenspartnerin, die Malerin Tatjana kennen. Ihr verdanke ich, dass unser gemeinsamer Wunsch, in der Natur zu leben, Wirklichkeit werden konnte. Im Strudengau fanden wir unser Traumhaus, einen kleinen Hof in Streulage auf einem Südhang mit Alpenblick, den wir allmählich restaurierten. Aus dem Stall wurde eine kleine Stoffdruckerei, aus der Wiese ums Haus ein Selbstversorger- und Naturgarten.

Die in den 1970er-Jahren erwachende Umweltbewegung unterstützte ich mit Diavorträgen, Artikeln und Radiosendungen. Unser Haus erlebte lange Zeit konspirative Treffen mit Ökologen wie Hans Martin Steiner und Gernot Graefe, Peter Weish und Bernd Lötsch.

Die 1980 auftauchenden Pläne zur Überstauung des mittleren Kamptals ließen mich dort erneut fotografierend, schreibend und vortragend aktiv werden. Die von Gars ausgehende Bürgerinitiative hatte nach jahrelangem Ringen schließlich Erfolg.

Bald entwickelte sich die Naturgartenidee zu einer breiten Bewegung. Unser Garten wurde zu einem vielfach gezeigten Vorbild. Allmählich wechselte meine Arbeit vom Kunsthandwerk zur Fotografie, zu Vorträgen und Exkursionsleitungen sowie Buchprojekten, die mich oft jahrelang beschäftigten: Die Donau-Auen östlich von Wien und das Tiroler Lechtal, die Wachau und das Ötscherland mit dem Wildnisgebiet Dürrenstein, der Wienerwald und wieder das Kamptal waren oder sind mit ihrem überragenden Naturreichtum teils gerettete, teils bedrohte Landschaften.

Dieser intensiven Zuwendung bei unzähligen Touren, Wanderungen und Aufenthalten verdanke ich zahllose Naturerlebnisse, die meine Liebe zu allem Lebendigen ebenso vertieften wie meine Artenkenntnis, mein Verständnis und meine Bewunderung für den weisen Haushalt der Natur. Auch lernte ich dabei prächtige Menschen kennen. Erhard Kraus, Sabine Fischer und weitere wurden vertraute Freunde.

Jeden Morgen trete ich vor mein Haus und begrüße den Tag voll Dankbarkeit – für mein Leben, für den schönen Platz, an dem ich wohne, für das Glück, mit meiner Lieblingsbeschäftigung Gutes zu unterstützen und anderen Menschen Anregung, Freude und Mut zu geben.

Werner Gamerith, Juni 2019

FSC www.fsc.org
MIX
Papier aus verantwortungsvollen Quellen
FSC® C012536

Vorsatz: Reitzendorfer Teich bei Martinsberg, Waldviertel
Nachsatz: Der wilde Kamp bei Altenburg
Bucheinband: Marchau bei Schlosshof

Umschlaggestaltung, Layout und digitale Gestaltung: Tyrolia-Verlag
Druck und Bindung: Theiss, St. Stefan
ISBN 978-3-7022-3732-5
E-Mail: buchverlag@tyrolia.at
Internet: www.tyrolia-verlag.at